水草
生活家

作者序

　　小學三年級時有人送我們家一個水族箱，我和弟弟特地跑到宜蘭的水族店去買魚回來養，為了讓水族箱更好看，也順便買了些水草，當時只是因為好玩而養魚、養水草，我自己也不記得後來那些水草究竟下落如何？想不到，我居然在長大後，一頭栽進水草世界，甚至成為水草的供應商。在決定栽種水草前，我其實只是為了要養家賺錢，但在真正了解它們的特性、看到它們多變的風情後，我卻不可自拔的愛上了美麗的水草。

　　我們家本來是經營鰻魚養殖場的，在鰻魚價格大好的時代，我們也賺了很多錢，物質上一點都不匱乏。但後來宜蘭所養殖的鰻魚價格不如屏東低廉，在低價競銷下，宜蘭的養殖業無法與別處競爭，慢慢的沒落，許多養鰻人都改行了。在父親的堅持下，我們家是最後一個把養殖場收起來的，但也因此背負了龐大的債務。為了還債，退伍後我當過娃娃車司機、鐵工廠工人，也養過大閘蟹、青蛙、香魚、熱帶魚，所有可能改變家裡經濟狀況的工作，我都試過了，但是卻沒有一項成功，那時的我，真的不知道該何去何從。

　　後來，幾個曾經在我們鰻魚廠裡實習的朋友，建議我可以利用原先養鰻魚的環境試著栽種水草，因為他們在水族貿易公司上班，負責進口德國、丹麥、荷蘭等地的水生植物，知道水草養殖在國外正蓬勃發展，因此認為國內的水草養殖是深具潛力的。抱著姑且一試的態度，我開始種起了水草。

對於那個年代的鄉下人來說，水草就是隨處可見的雜草，一點用處也沒有，不但不需要種，還得要想辦法剷除，以免影響農作物生長。因此，在我剛開始種水草時，我周遭的親朋好友是非常懷疑的，覺得我是不務正業！再加上水草養殖對我來說是完全陌生的領域，因此，剛開始的這條路我走得一點也不輕鬆。

那時台灣出版界對水草的介紹並不多，因此，只能強迫自己去啃一本本厚厚的原文書，就這樣，英文很菜的我，用非常吃力的步伐，一步步摸索，一點點的做，慢慢從嘗試錯誤中學習，終於有機會走進了水草的美麗世界。

在我的水草事業剛起步時，我遇到了一個貴人，當時宜蘭縣立文化中心的林德福主任。在一次偶然的機會，我向林主任表示：「我覺得文化中心的圖書館裡面，有一個地方很適合擺放水族箱，我可不可以做一個送給文化中心？」主任知道我們家經濟狀況其實不太好，就對我說：「你不要用送的，這樣好了，就由文化中心出錢跟你買，麻煩你就做三個水族箱送過來吧。」

為了感謝主任的盛情，我花了很多心思設計這三個水族箱，而這些水族箱竟然發揮了意想不到的廣告效果。因為文化中心人來人往，許多公務員和老師在看到漂亮的水族箱後非常心動，也想在家裡擺一個設計感十足的水族箱，於是，在林主任的引薦下，我的生意就這樣陸陸續續上門了。

靠著口耳相傳的口碑，我的水草經營事業漸入佳境，也在客戶的慫恿下，開了一間水族店，這間店不但讓我招攬到更多客戶，也讓我有機會接觸許多器材供應商，進而拓展了水草市場的通路。在我努力擴展水族店的市場時，後端水草的供應，是由弟弟管理的水草場負責，而我的妹妹與太太則開始研究如何將水草放入料理中，做成美味的餐點。慢慢的，在我的影響下，其他的家族成員，都跟著我，一起愛上了水草，一起投入了水草世界。靠著所有家族成員對水草的熱情和努力，我們竟然拿下了台灣約三分之一的水草市場。

　　水草，為我的事業帶來轉機，也為我的生命帶來全新的體驗。從種水草、觀察水草的過程中，我深刻的體會到，人如果要成功，就必須像水草一樣，懂得適應環境，能夠隨著環境改變、調整自己。水草是生命力最強、最能適應環境，最懂得調整自己的植物。水源豐富時，水草會盡情展現自己的優雅與美麗，而當水源枯竭時，水草會在最短的時間裡改變自己的模樣求生。不論環境怎麼改變，水草都有它的應變方式，不但讓自己在困難的環境中生存下來，也讓自己的生命精采萬分！

　　水草改變了我的人生，讓我學會勇敢面對環境的變化，希望藉著這本書的出版，能夠讓更多人了解水草，喜歡水草，最重要的是，也能夠和我一樣，在種水草、欣賞水草之餘，找到面對生活的力量！

前言

　　對大多數的人來說，水草就是養在水族箱裡的草，所以，如果家裡沒有水族箱，就不覺得水草和我們的生活是有關係的。但是，你知道嗎？我們三餐所吃的稻米是水草，四神湯裡面的芡實，是水草，還有菜市場裡常見的荸薺、茭白筍也是水草，現在，你還會認為，你的生活和水草一點關係都沒有嗎？

　　我最早接觸水草時，只有小學三年級，買水草的目地，只是為了讓養魚的魚缸比較好看而已。後來才了解，水草看起來好像是很不起眼的配角，可是水族箱裡少了它，不但少了美麗的焦點，也缺乏可以行光合作用的生態環境。

　　隨著時代的改變，現在的水草可不是配角了，有越來越多人，喜歡在水族箱裡種許多色彩豐富、型態不同的水草，讓居家和辦公空間充滿綠意，而優游其間的魚兒，反而變成了配角。

　　許多人養水草，是因為風水師的建議。從風水的角度來看，在家裡的財位放一個水草缸，加上流動的水，可以讓運氣更旺。不過，要提醒你，風水缸裡一定得是活的生物，不論是水草或者是魚、蝦，如果在財位上死掉，那主人就算運氣不受影響，心情想必也會很糟。

　　其實，鼓勵大家養水草，不是因為它能改變風水，而是因為它能改變心情，抒解壓力。曾有一些研究報告指出，現代人的工作壓力，可以透過觀看水族箱裡的魚兒、水草來抒解。

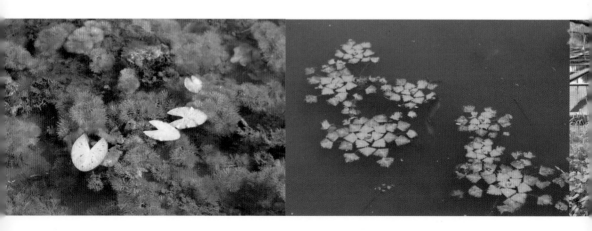

不管白天工作多麼累，壓力多麼重，只要站在水族箱前，就會覺得心情開始放鬆。現在也有很多醫生與公務員流行養水草，因為每當工作很忙、很累時，看一看水族箱，心情就會平靜許多。有些小兒科診所或者牙醫診所，都會設置水族箱，藉此減輕小朋友等候看診時的焦慮感。

水草可以幫助抒壓，而且不需要太多的空間，非常適合納入現代都市人的生活中。如果要種一般的陸生植物，得要有土、有陽台，或者有庭院，可是水生植物只要有水族箱或盆器，就可以很容易的創造出自然、寧靜、充滿綠意的氛圍。跟照顧寵物比起來，水族箱是更單純，更方便的，就算要出國旅行十天半個月，也不用擔心照顧的問題，等於是最不麻煩的寵物，是不是很適合忙碌的現代人呢？

現在市面上有一種空氣製造機，它的原理就是創造一個類似水族箱的環境，在裡面種很多的樹，一組據說要十幾萬甚至二十幾萬。其實，如果你有一個水族箱的話，就不需要花這麼多錢了，比較起來，水族箱的氧氣製造效果更明顯，可以直接看到氧氣的產生，而在體積上，兩者的大小也差不多，真的比較經濟實惠。

水草可以觀賞、可以抒壓、造氧，如果這些好處對你來說都不夠實際的話，那麼，用水草來做成好吃好喝的料理，是不是會讓你心動呢？ 其實，台灣有很多的原生水草，是非常好的料理材料，因為之前都沒有人去發掘、推廣，所以，懂得利用的人不多。

想知道怎麼用水草入菜，做出好吃的豬腳、雞湯、鬆餅或冰沙嗎？

來！跟我一起，進入水草的美麗世界，一起做個懂生活、有品味的水草生活家吧！

CONTENTS 目 次

第1章 水草讓你更有品味

第2章 好吃好喝的水草味

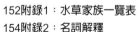

第1章

水草讓你更有品味

也許你一向認為水草是相信風水或者養魚的人才會養的，可是當你到朋友家做客，發現朋友竟然用水族箱來代替冰冷的磚牆做為隔間，而那一大片綠意，可能是整天盯著電腦螢幕的你，平常根本享受不到的畫面，這時的你是否怦然心動呢？

然後有一天，牙痛的不得了的你，走進牙科診所，在這裡，你又和綠意盎然的水草相遇了。你可能會認為：「這是用來哄小孩的！」但是，看著美麗水草的你，牙痛的壓力是否也抒解了一些呢？

好久不見的朋友，約你到一家情調優雅的餐廳吃飯，一坐下來，你看到桌上有個小巧的玻璃杯，裡面漂浮著美麗的水芙蓉，以及浪漫的浮水蠟燭。這時你是不是會被店家的巧思感動呢？或許你會開始想：「也許，我也可以這樣佈置我的餐桌？」

週年慶到了，忙裡偷閒趕著採買的你突然發現，不知道從什麼時候開始，販賣生活雜貨與家飾的地方，也悄悄的出現了許多裝著漂亮水草的容器。於是，你決定帶水草回家，也放了一盆在你的辦公室裡。你想像著：「當我不爽老闆的時候，我可以看看水草，忘記老闆的嘮叨！」

不管是無聊還是忙碌，優閒還是匆忙，你的生活，絕對需要水草來為你裝點一些色彩，如果你還在猶豫，不知該如何選擇水草，運用水草，那麼不妨參考參考我們的水草設計，你一定可以找到改變心情的好點子！

居家好品味

　　在家裡佈置水草，可以很壯觀，也可以很可愛。有些設計師會利用水族箱來做隔間牆，這樣空間不會很封閉，又可以隨時欣賞到水草的美，非常有特色。

　　也有不少人在客廳裡佈置著好像山水畫一樣的造景水草。而有人不想花這麼多錢，做如此大手筆的投資，所以他們選擇在窗台放一個小小的生態球，或者幸福藻球，每天觀察著它們的變化，增加生活的樂趣。

　　風水書裡面，只要提到有水的植物，都會特別小心，因為水與「財」息息相關，要放水族箱，或者水生植物，幾乎都要特別考慮方位的問題，所以如果你很相信風水，不妨在房子的財位放個水草缸，也許真的可以讓財源滾滾而來喔！

玄 關

　　玄關是一個家的門面，屏除雜亂的鞋子，運用漂亮的玻璃容器或陶器，放點漂浮性的水草，像是水芙蓉、槐葉蘋或浮萍，再把紙莎草隨意的插在瓶子裡，就可以把玄關的氣氛弄得很有日式禪風的感覺，不只可以讓每天要出入大門的家人心情愉快，也可以讓來拜訪的客人耳目一新。

　　水芙蓉、槐葉蘋、浮萍等水草，平常需要日照，如果家裡的玄關比較陰暗，可以把它們養在陽台或者庭院裡，需要時再摘取一些來替換，這樣就可以避免水草因為光線不足而變黃了。

客 廳

　　對於一般人來說，在家裡，除了睡覺之外，花最多時間的地方，就是客廳了。如果可以把客廳佈置得很舒服，整天都會很開心。如果你的客廳很大，不妨選擇一個大的水族箱，讓它變成視覺焦點，這樣一來，不只家人之間有共同的話題可以討論，客人來拜訪時，也不用讓大家總是盯著電視機的螢光幕，討論八卦或者大打口水戰。

　　如果你的客廳不大，可以選擇小巧的容器，裝點漂浮性水草，或者用小小的玻璃器皿，裡面放點墨石或用水杯裝一、兩枝昌蒲，這樣的裝飾，感覺既清爽，也不用大費周章的花時間與金錢來照顧。

餐　廳

　　在餐桌上用玻璃容器放一些漂浮性的水草，或者在一個比較高的花瓶裡，隨性的插幾枝紙莎草，這樣用餐的氣氛好像就會變得比較輕鬆而浪漫一點，飯菜也好像變得特別好吃。

　　如果餐廳比較大，還可以利用水族箱做隔間，這種裝潢方式，可以讓空間有穿透感，一方面可以區隔客廳與餐廳，一方面又可以達到裝飾的功能，是一般隔間牆達不到的效果。

廚　房

　　廚房是料理的地方，建議你可以在廚房裡種一點料理用的水草，這樣要做菜的時候，隨手就可以取得這些食材，非常方便，像是大葉田香、水薄荷、水蕨、水紫蘇等，都是很適合放在廚房裡面的水草，就算你不拿來做菜，平常當成盆栽也滿好看的，不過這些植物都需要充分的光線，所以最好是放在自然光可以照得到的窗台比較適合。

　　如果你的流理台夠大，那麼把一些餐具疊起來，運用珍珠草、墨石、滿江紅以及可以代替吸管使用的荸薺莖，佈置成和風的擺飾，不僅實用，還很有詩意呢？

浴室

　　在浴室裡種一些盆栽，就會很有「家」的感覺。不過家裡的浴室通常都溼氣很重，一般植物很難生存，這時候，種點水草就對了。不過，並不是每一種水草都適合放在浴室裡，因為有的需要大量日照，而有些不能耐高溫，所以在選擇時還是要注意一下，在這裡，我推薦的是小榕、鐵皇冠和銅錢草，它們都是耐陰的植物，比較可以忍受浴室裡面的溫度與水蒸氣。

　　香氣襲人的野薑花，也很適合在浴室擺放，這樣即使沒有人工芳香劑，也可以讓滿室生香。

臥 室

很多風水師都會建議，臥室不適合放水族箱，最主要的原因應該是因為水族箱會讓房間濕氣比較重，有些水族箱需要二氧化碳瓶，還有的需要24小時開著燈，這些對睡眠都有一定程度的干擾，影響睡眠品質。

其實，只要選對水草與容器，臥室還是可以放水草的，像是目前很流行的生態球，因為它自成一套完整的生態系統，光線不會太強，也沒有噪音，不會影響睡眠，所以很適合放在臥室。

或者，你也可以選擇瓶口較小的玻璃容器，裡面養個小型水草，然後慢慢的看著它長大，這樣也很有趣。

如果你還是想在臥室擺水族箱，建議你選擇小巧型的水族箱，這樣，還可以把照明燈當做小夜燈使用。

陽台、窗台

如果你喜歡的水草需要全日照或者半日照的環境，那麼把它放在窗台或者陽台上最適合不過了。像是水芙蓉、槐葉蘋這些漂浮性的水草，都是很好的選擇，養在窗台或者陽台的水草，偶而可以和放在其他地方的水草交換一下位置，讓屋內的水草也有機會曬曬太陽，這樣就可以永遠保持翠綠的狀態了。

有的人擔心在陽台養水草，會養出一堆蚊子。我的建議是在養水草的盆器裡面養一隻蓋斑鬥魚，因為它會把蚊子的幼蟲孑孓當成食物吃掉，這樣就不會滋生蚊蟲了。

另外，生態球也很適合放在陽台，在陽台的生態球不需再點燈，因為自然光已經可以提供充分的光線，讓它維持生態平衡。

職場好心情

　　前陣子，媒體曾經報導，台北市政府決定限制辦公室內魚缸的尺寸，因為他們認為員工在辦公室內放太多水族箱，影響了空氣品質。

　　其實，水族箱裡面如果有養水草，不但不會讓空氣品質變壞，還可以製造很多氧氣。幸好，這個事件後來在學者專家的說明後，沒有再繼續造成消費者的誤解，要不然，水草就真的是太冤枉了。

　　工作壓力是每個上班族都需要面對的，而身處在一點綠意都沒有的水泥森林中，更會讓壓力沉重的上班族喘不過氣來，因此，有許多人開始把綠色植物往辦公室裡搬，不過，在辦公室中種綠色盆栽，需要許多耐心和技術，如果沒有綠手指，桌上的盆栽常會是枯死的命運，這樣，心情搞不好會越來越沉重，這時，不妨來試試養個水草吧！

會客室

　　會客室對一個公司來說，等於是公司的門面，如果佈置得很漂亮，來訪的客人一定會留下好印象，說不定，可以因此多一個客戶，順利達成交易，這樣不是很棒嗎？

　　放在會客室的水草，可以用插花的原理來呈現，將多種不同品種的水草，隨著季節更換，這樣，會客室會有更多不同的感覺和變化。 另外，運用小型的水族箱來造景，也可以營造獨樹一格的品味喔！

辦公室

　　放在辦公桌的水草可大可小，如果你的桌子夠大，可以選擇一個中型的水族箱，用水草造景營造出山水畫的樣子，感覺很有氣派，也非常有氣質。

　　如果你的辦公室已經有很多東西，空間不多，那麼，就可以考慮小型的玻璃缸，比如用幸福藻球和墨石，再加上幾條小魚，感覺就很有朝氣；小型盆栽也是不錯的選擇，像是銅錢草、黃金錢、綠金錢或是海洋之星，照顧上都很簡單，只要記得每星期將它們放在窗台曬一兩天太陽，就可以長得很漂亮。

會議室

　　一般的會議室通常都會有張長長的會議桌，開會的時候如果在桌上放一點水草佈置，可以稍微消除緊張的感覺。不過最好不要用太高的盆栽與水草來佈置，免得擋住與會人員視線，影響開會效率。

　　選擇一個淺的盆器，用枯木與綁在石頭上的墨石，加上一點漂浮性的水草，像是浮萍或者滿江紅，就可以營造出日式庭園的禪意，這樣開起會來，火藥味應該會少一點。

　　你也可選擇一個簡單的盆器，裡面種些黃金錢、綠金錢，討個好彩頭，讓公司業績蒸蒸日上，賺大錢！

賺錢好風水

開店做生意，最重要的當然就是賺錢囉！大部分的店面都會聽從風水師的建議，在財位上放個流動的水車或是會轉動的水晶球，當然，水族箱也是個不錯的選擇。

現在有很多的牙科、小兒科會在候診室裡養魚和養水草，以減輕看診病人等待時的焦慮和不耐。這真是一個好方法，相信搖曳生姿的水草和優游自在的魚兒真的可以讓人忘了時間，忘了擔心！

如果你也有個店面，或者正打算要做個生意，那麼不妨利用水草來讓你生意興隆、財源廣進吧！

櫃檯、門面

當你想要購物，或者要選擇用餐的地點時，第一個會影響你的，就是這個地方的門面。相信許多人都會以第一印象做為消費的判斷，因此，門面與櫃檯的佈置，對於做生意的人來說，真的是非常重要。

從風水的觀點，入門45度角的位置通常都是財位所在，如果可以在這個位置放個水族箱或養個水生植物，就可以達到招財的效果。

曾有一個餐廳老闆，在他經營的餐廳門口放了一個水族箱，他說他的生意之所以會這麼好，就是因為這個水族箱，有許多客人，都是被水族箱裡的美麗水草吸引才走進來的，所以，為了吸引更多客人上門，老闆每天開門營業前，都一定要先整理水族箱，在把水族箱整理的很漂亮前，絕對不會開門營業！

餐 廳

　　很多餐廳都用假花或者塑膠花來佈置,這樣的感覺有點廉價,但若要用新鮮的花材來佈置,成本又很高。所以,如果你的餐廳想要用最低的成本來營造高雅、有品味的氣氛,那麼,一定要試試用水生植物來當主角。

　　佈置餐桌最方便的,就是漂浮性的水草,因為餐桌上得擺放食物或者飲料,所以佈置餐桌時必須考慮不能佔據太大的空間,這時候,可以用小型的容器,放點漂浮性的水草,再點上一個浮水蠟燭,感覺就很浪漫了!

野薑花是多年生的挺水性植物，原名是穗花山奈，它並不是台灣的原生種，而是在日據時代引進台灣的品種。野薑花的開花季節通常是在春、夏兩季。目前在台灣的溪邊，幾乎隨處可見野薑花的蹤影，盛開的時候，空氣中飄散著香氣，雪白的花瓣隨風飛舞，置身其中，真的就像在畫中一樣。

野薑花好看、好聞，也好喝、好吃。它的塊莖有點像薑，在新竹內灣地區，有人把它的莖磨成粉加到粽料中，做成美味的野薑花粽，非常受歡迎。台北縣的深坑和雙溪地區，也有農場專門種植野薑花，除了供遊客觀賞外，也利用野薑花做出許多好吃的創意料理。

第2章

好吃好喝的水草味

蓮子、蓮藕，你一定吃過；還有四神湯裡的芡實，用的是芡的果實；至於插花常用的香蒲，只要撕開葉片，裡面的嫩筍可以用來料理；而尖瓣花的莖嚐起來就跟空心菜沒有兩樣。還有大葉田香，它的香氣跟八角很像，可以用來調味，水草生活家教你如何利用水草入菜，做出好吃好喝的水草味！

野蓮沙拉 2人份

材料

野蓮葉柄 150公克
市售沙拉醬 適量

做法

1. 野蓮葉片與根部挑掉，保留葉柄。
2. 將葉柄川燙至顏色轉深綠色後撈出。
3. 將川燙過的葉柄放入冰水中冰鎮。
4. 將冰鎮過的葉柄切段（約5公分）。
5. 切好的野蓮放進盤中，再擠上適量的沙
   拉醬即可。

品嚐小語

　　野蓮（龍骨瓣莕菜）葉片雖然也可以
吃，不過葉片小且容易爛，所以只用葉柄
料理。葉柄川燙時，只要顏色轉深綠色就
可以撈起來。如果想要有點日本料理的感
覺，可以在盤底舖上切好的新鮮高麗菜
絲，與野蓮一起吃，口感也很不錯。

水紫蘇沙拉 2人份

材料

小蕃茄 200公克
白花紫蘇葉 20公克
紫蘇梅 4顆

做法

1.小蕃茄洗淨、瀝乾、切丁。
2.白花紫蘇葉洗淨、瀝乾、剁碎。
3.紫蘇梅去核剁碎。
4.將所有材料混合拌勻即可。

品嚐小語

　　紫蘇梅可以自己製作，或者在蜜餞店、大賣場與超市買現成的也可以。因為紫蘇梅通常都有湯汁，所以不需要再加任何調味醬就有酸酸甜甜的味道。夏天天氣太熱，胃口不好時，這道水紫蘇沙拉很清淡又可以引起食慾，不妨試試看。

大葉田香橄欖油 2人份

材料

大葉田香（或白花紫蘇、水薄荷）約30公克
橄欖油 約30公克

做法

1. 將大葉田香葉片與莖洗淨，瀝乾至完全
   沒有水分。
2. 把瀝乾的葉片與莖放入果汁機中打碎。
3. 以1：1的比例將大葉田香汁與橄欖油混
   合均勻。
4. 放入玻璃容器中密封冷藏。

品嚐小語

　　大葉田香、白花紫蘇、水薄荷這幾種香
料水草都很適合用來製作成香味獨特的橄
欖油。不過要提醒你，這種自製橄欖油因
為沒有防腐劑，因此所有的材料一定要瀝
乾，不能有一點水分，否則容易發霉。洗
乾淨的莖與葉可以用廚房紙巾擦一下，放
在通風的地方自然風乾再打成汁。

　　做好的橄欖油最好裝入瓶口較小的玻璃
容器，減少接觸空氣的面積，而且要儘快
吃完，沒有吃完的一定要冷藏。

魚腥草雞湯 2人份

材料

新鮮（乾）魚腥草 50公克

雞腿 1隻

米酒 少許

鹽 少許

水 500c.c.

做法

1.魚腥草洗淨，加水熬煮約30分鐘備用。

2.雞腿依個人喜好，可以用整隻，或者剁成塊，川燙後放入鍋內。

3.將熬好的魚腥草汁倒入鍋內，加入少許米酒及鹽調味，燉煮或者蒸約40分鐘。

品嚐小語

　　生的魚腥草有很明顯的腥味，很多人因此不敢嘗試，其實煮過的魚腥草一點臭味都沒有，而且非常養生。如果真的很怕聞到腥味，青草店可以買到乾燥的魚腥草。用新鮮的魚腥草熬出來的雞湯比較濃，乾魚腥草煮出來的湯則比較清澈。如果是自己種的新鮮魚腥草，採下來後曬一、兩天再使用比較好。

　　忙碌的上班族，可以在閒暇時先燉煮一鍋魚腥草湯，等它涼了之後，依食用的人數用塑膠袋分裝成小包放在冷凍庫，想要熬湯的時候拿出來解凍、加熱，再放入川燙過的雞腿，可以節省許多時間。

石昌莆雞湯 2人份

材料

石昌莆莖 2個

雞腿 1隻

香菇 2朵

紅蘿蔔 3片

枸杞 10公克

紅棗 10公克

做法

1. 石昌莆莖洗乾淨備用（剪下根部以上約10公分長度的部分）。

2. 香菇洗淨後與石昌莆莖一起放入滾水中熬煮約30分鐘。

3. 將雞腿川燙，去血水。

4. 將川燙好的雞腿與枸杞、紅棗一起放入熬煮好的石昌蒲高湯中，再燉煮（或蒸）約40分鐘即可。

品嚐小語

石昌莆雞湯據說有讓白髮變黑的效果，不過若喝太多小心色素沉澱而長雀斑。

與魚腥草雞湯相同，這道料理可以在空閒時先熬煮湯汁，分成小包裝放在冰箱冷凍庫，節省熬湯的時間。

雞腿如果用蒸的，肉質會比較嫩。如果用燉煮的，注意不要用大火，這樣可以避免湯汁變濁。

尖瓣花炒牛肉 2～4人份

材料

尖瓣花 100公克

牛肉 100公克

豆瓣醬 適量

蒜蓉 少許

辣椒 少許

薑絲 少許

太白粉 適量

做法

1. 尖瓣花去葉留梗、洗淨，再切成約5公分的小段。
2. 牛肉切絲，加入醬油及太白粉後攪拌入味。
3. 鍋子加熱後放入少許沙拉油，將牛肉大火快炒至半熟後起鍋。
4. 將蒜蓉、薑絲爆香，放入尖瓣花，炒到快熟時，再將牛肉與豆瓣醬一起放入快炒至熟即可。

品嚐小語

　　許多人把田邊的尖瓣花拿來做菜，不過卻沒有把葉片去掉，結果，炒出來的菜苦苦的。原因是尖瓣花雖然口感像空心菜，可是只有莖可以吃，葉子吃起來是苦的，所以怕苦的人千萬不要把葉片也放進去煮。

　　不過尖瓣花的葉片夏天吃可以退火，不怕苦味的人，也許可以加一點試看看。

　　尖瓣花用來料理的莖最好選擇較嫩的，辨識的方法是在挑菜時折看看，清脆易折的就比較嫩，相反的則比較老，纖維多，吃起來口感較差。

　　目前尖瓣花在南部市場才可以買得到，北部市場還沒有看到，只能在田間採集，通常春、秋季在田邊就可以找到。

水車前魚羹 1人份

材料

水車前 80公克（約1片）

福壽魚片（台灣鯛魚）1片

蛋 1顆

蛤蜊 3個

草蝦 1隻

花枝 1/4隻

吻仔魚 5公克

紅蘿蔔絲、香菇絲、筍絲 少許

黑木耳、蟹絲 少許

高湯 120c.c.

做法

1. 將蛋打散，與水1：1比例調勻，再加少許鹽調味。
2. 將蛋汁過篩倒入盤中。
3. 蛤蜊洗淨放入蛋汁中，用小火蒸約10分鐘後取出備用。
4. 草蝦川燙去殼。魚片切片後川燙。
5. 水車前洗淨、切段（約5公分）。
6. 太白粉加冷水調勻備用。
7. 高湯加熱，放入紅蘿蔔絲、香菇絲、筍絲、黑木耳、蟹絲、草蝦、吻仔魚、花枝，湯滾後加鹽調味。
8. 將水車前與拌勻的太白粉水加入湯中。
9. 最後放入魚片一起煮熟。
10. 將煮好的羹湯倒進放蒸蛋的盤中即可。

品嚐小語

　　這道水車前魚羹的做法分成兩個部分，先做蒸蛋，然後做羹湯的部分。羹湯的材料可以依照自己的喜好選擇新鮮的海鮮就可以了。

　　蒸蛋要記得把蛋汁過篩，篩孔愈細蒸出來的口感愈好。蒸蛋的時候，水滾之後要用小火蒸，這樣蒸出來的蛋才會細緻。

蒲筍炒肉絲 2～4人份

材料

香蒲嫩筍 200公克

豬肉絲 50公克

紅蘿蔔絲 少許

蒜蓉 少許

辣椒 適量

鹽 少許

醬油 適量

太白粉 適量

香油 少許

做法

1. 香蒲葉撕開，取嫩莖洗淨備用。
2. 豬肉絲用醬油、太白粉與香油醃10分鐘。
3. 紅蘿蔔絲、蒜蓉、辣椒爆香後，放入豬肉絲炒至8分熟。
4. 加入蒲筍後大火快炒。
5. 加鹽調味後起鍋。

品嚐小語

　　通常在河邊或水邊溼地都可以找到香蒲。香蒲要挑比較高大的葉片，這樣撕開後裡面才會有嫩筍！所以想要吃這道蒲筍炒肉絲，可是得花一點功夫的！

37

刺芹鮮蝦捲 1～2人份

材料

刺芹 10公克

草蝦 2隻

花生粉 適量

無子蜜餞（化核應子） 20公克

沙拉醬 適量

春捲皮 1片

做法

1. 刺芹洗淨後剁碎。
2. 草蝦煮熟去殼。
3. 無子蜜餞（化核應子）去核後剁碎。
4. 將刺芹、蝦子、花生粉、無子蜜餞放在春捲皮上，加上適量的沙拉醬，然後用包春捲的方法包起來即可。

品嚐小語

刺芹目前只有水族店有賣，一株大概50～60元。盆栽的名稱是刺香白菜，可以自己買回來種。新鮮的刺芹除了根部以外，整株都可以吃。料理前需要先把有蟲吃過的葉片挑掉，洗乾淨後儘量把水分瀝乾再剁碎。

春捲皮很怕潮，這道刺芹鮮蝦捲做好後，一定要儘快吃，否則裡面的材料容易出水，吃起來口感就不好了。

為了防止春捲皮散開來，可以在春捲皮的邊緣塗抹一點沙拉醬，這樣春捲皮就不容易散開了。

蓮梗吻仔魚 2～4人份

材料

睡蓮梗 200公克

吻仔魚 50公克

鹽 少許

做法

1.吻仔魚洗淨後瀝乾。

2.蓮梗撕去外皮，切成約5公分的小段。

3.將蓮梗與吻仔魚下鍋用大火快炒。

4.加鹽調味後起鍋。

品嚐小語

　　蓮花不只可以遠觀，蓮梗還可以吃，這裡用的是睡蓮梗，一定要去掉外皮才可以料理，否則纖維太多，會不好吃。

　　這道菜的吻仔魚，可以用小魚乾代替，不過小魚乾需要咀嚼，若是要給老人與小孩吃，還是用入口即化的吻仔魚比較好。

田香豬腳 1～2人份

材料

豬腳 600公克
大葉田香 100公克
薑片 5片
辣椒 2根
蔥 2根
醬油 80c.c.
蠔油 40c.c.
糖 15公克

做法

1. 豬腳切塊後，川燙瀝乾。
2. 辣椒、蔥切段。
3. 大火燒熱油後，放入瀝乾的豬腳，稍微炸一下後撈起。
4. 辣椒、蔥段爆香，加入水、醬油、蠔油，再放入豬腳，加入大葉田香、糖調味，熬煮60分鐘。

品嚐小語

　　大葉田香是很好用的香料水草，香氣跟八角很像，八角煮久了會變苦，可是大葉田香卻沒有這個缺點，所以很適合用來做滷味或燉煮豬腳。

　　很多人都會覺得處理豬腳很麻煩，燉煮要花很多時間，如果先把豬腳川燙過後再用油炸，不但可以減少燉煮的時間，豬腳吃起來也會比較Q。如果不想吃得太油，也可以將豬腳先炒過，等豬皮較緊實後再料理。

　　如果想要完全去除豬肉的腥味，可以試試在滷豬腳的前一晚，先將豬腳放進鍋中盛滿水，放在廚房的水龍頭下用水滴滴一整晚，這樣隔天煮出來的豬腳就一點腥味也沒有了。提醒你！是用水「滴」喔，就像水龍頭沒關緊時，隔幾秒鐘就會滴一滴水，那樣的水量就夠了！

蓴菜捲 1~2人份

材料

春捲皮 2片
紫高麗菜 10公克
蓴菜嫩芽 10公克
苜蓿芽 適量
紅蘿蔔絲 少許
花生粉 適量
沙拉醬 適量

做法

1. 紫高麗菜切絲。
2. 蓴菜嫩芽洗淨，用餐巾紙瀝乾水分。
3. 將高麗菜絲、蓴菜嫩芽、苜蓿芽、紅蘿蔔絲一起放在春捲皮內，擠上沙拉醬後灑上花生粉，包起來即可。

品嚐小語

　　蓴菜目前在建國花市有販賣，宜蘭的雙連埤也已經有人種植，不過目前在菜市場還很難買到。

　　春捲皮遇水就容易破，蓴菜的嫩芽水分多，所以一定要瀝乾，否則春捲皮可是非常容易破的喲！

田香茶蛋 4～6人份

材料

大葉田香 50公克

薑 4片

辣椒 2根

蔥 2根

醬油 適量

糖 少許

紅茶葉 20公克（或市售紅茶包2包）

蛋 10個

做法

1. 大葉田香洗淨。

2. 辣椒、蔥洗淨切段。

3. 蛋煮熟後，再用湯匙輕輕在蛋殼上敲出裂痕。

4. 鍋內放入約300c.c的水，將大葉田香、蔥、薑、辣椒、醬.油、糖、紅茶放入鍋中一起燉煮。

5. 湯汁顏色變深時，撈起茶葉。

6. 放進熟蛋，煮約5個小時。

品嚐小語

　　這道田香茶蛋滷的時候，湯汁必須可以蓋過蛋的高度才可以，所以水的量是參考值，請依照實際的需要增減。

　　不論用紅茶葉或市售的紅茶包都可以，也可以用其他茶葉，不過要記得茶葉不能久煮，不然容易有澀味。

田香玫瑰茶 1人份

材料

大葉田香 10片
乾燥的玫瑰花苞 6朵
水 350c.c.

做法

1.將大葉田香、玫瑰花苞放入壺中，以熱
  開水燜5分鐘即可。

品嚐小語

除非是自己種的，否則在處理大葉田香
時一定要注意農藥問題。大葉田香很耐
泡，一壺茶大概可以回沖三次之多，愛喝
甜飲的人，也可以加冰糖。

蓮花茶 1人份

材料

乾燥蓮花 1朵
水 350c.c.

做法

1.將蓮花放入容量約500c.c.的花茶壺中，
倒入熱開水燜5分鐘即可。

品嚐小語

　　蓮花茶含有豐富的膠原蛋白，可以養顏
美容。如果用新鮮的蓮花來泡也可以，不
過上面很容易有小蟲，比較不好處理。

　　好的蓮花茶可回沖好幾次，滋味都不
變。喜歡甜味的人，喝的時候可以加點冰
糖調味。

薑花蜜茶 1人份

材料

野薑花 1朵
蜂蜜 適量
水 350c.c.

做法

1. 野薑花洗乾淨後，放到熱開水中燜10分鐘，再加入蜂蜜調味，冰涼以後飲用滋味最好。

品嚐小語

野薑花真的是香氣十足，盛開的時候只要在屋裡放一株，就不用芳香劑這些東西了。除了做成熱飲，冰凍以後喝，香氣更濃。如果想要多點花樣，可以放入新鮮的水果丁，看起來就有雞尾酒的效果，用來招待朋友，創意十足。

夢幻天使 1人份

材料

藍天使花 4、5朵
水薄荷葉 10片
檸檬 1/6顆
水 350c.c.

做法

1. 藍天使花與水薄荷葉一起放入壺中，倒
   入熱開水燜約10分鐘即可。

品嚐小語

　　把檸檬汁滴入藍天使花茶中，原本紫色
的茶湯就會變成粉紅色。下次用這道飲料
來招待朋友時，可以變魔術給他們看，相
信大家一定會很佩服你！對了，喝的時候
加點蜂蜜，味道會更棒喔！

魚腥草茶 1人份

乾的魚腥草 45公克

枸杞 5公克

紅棗 數顆

冰糖 適量

水 350c.c.

做法

1.魚腥草、枸杞、紅棗放進滾水中煮約30
　分鐘即可。

品嚐小語

　　日本人把魚腥草叫做「十藥」，只要聽
名字就知道吃了一定對身體有好處，根據
日本的說法，它可以降血壓、改善便秘，
對呼吸道也有保養的功能，SARS流行的時
候，魚腥草可是非常熱門的。

　　用新鮮的魚腥草煮茶，喝起來會比較
腥，建議怕腥的人可以到青草店買乾燥的
魚腥草來煮。煮好之後，加一點冰糖，喝
起來更好喝。或者，也可以加一點水薄荷
（大約10公克），別有一番味道。

水薄荷冰沙 1人份

材料

水薄荷葉 10公克

蜂蜜 30c.c.

薄荷蜜 15c.c.

冰塊 350公克

冷開水 適量

紅莓汁 適量

做法

1.水薄荷葉洗淨。

2.將水薄荷葉與蜂蜜、薄荷蜜、冰塊等放入冰沙機，加冷開水至350c.c.左右打碎、攪拌。

3.將冰砂倒入杯內，淋上紅莓汁即可。

品嚐小語

　　水薄荷的香氣比一般薄荷淡，所以怕薄荷嗆味的人，可以不用擔心。因為香氣薄弱，所以添加了薄荷蜜，否則做成冰沙水分太多，味道會不夠。薄荷蜜平常是調酒用的，只有少數大賣場或販賣烘焙、料理材料的專門店可以買到。

　　在冰沙機內加冷開水，主要是讓冰塊可以順利打碎，所以當機器攪拌困難時，可以再加適量的冷開水讓它可以順利運轉。

　　與水紫蘇冰沙一樣，紅莓汁的主要作用是增色，所以也可以試試添加其他的果汁。

水紫蘇冰沙 1人份

材料

白花紫蘇葉 10公克
紫蘇梅 半顆
蕃茄汁 30c.c.
紅石榴汁 45c.c.
果糖 15c.c.
冰塊 350公克
冷開水 適量

做法

1.白花紫蘇葉洗淨。
2.紫蘇梅去核。
3.將白花紫蘇葉、紫蘇梅與蕃茄汁、紅石
　榴汁、果糖、冰塊等一起放入冰沙機
　中，再加入冷開水至350c.c.的刻度，打
　碎攪拌即可。

品嚐小語

　　這道冰沙最好用專用冰沙機來製作，如
果用果汁機，一定要確定是可以打碎冰塊
的機型。

　　水紫蘇冰沙是白色的，可以用番茄汁與
紅石榴汁增色，份量可以隨自己喜歡增
減，也可以試試不同顏色的果汁，說不定
滋味會更特別。

馬蹄爽 1人份

材料

荸薺凍 1個（做法參考P.52）
冷開水 200c.c.
蜂蜜 30c.c.
冰塊約 8顆

做法

1.荸薺果凍切成約1公分立方的小丁。
2.將荸薺果凍丁倒入杯中，加冷開水、蜂
　蜜、冰塊調勻即可。

品嚐小語

　　馬蹄爽在馬來西亞是非常普遍的飲料，
台灣倒很少見。荸薺果凍的口感加上甜甜
的蜂蜜，非常有南洋風。

田香奶酪 4人份

大葉田香葉 15公克
果凍粉 12公克
水 100公克
鮮奶 400公克
奶酪粉 40公克

做法

1. 鮮奶加熱至鍋子週邊開始有氣泡（大約攝氏80度）後，加入奶酪粉拌勻。
2. 倒入果凍杯（或咖啡杯）中，約8分滿。
3. 放進冰箱中，約1小時即可成形。
4. 大葉田香葉片洗淨，放入果汁機中，加水打碎。
5. 將打好的大葉田香倒入鍋中加熱至沸騰，再倒入果凍粉拌勻。
6. 將拌好的大葉田香果凍液倒入已成形的奶酪中，再放進冰箱冷藏即可。

品嚐小語

　　製作田香奶酪必須分成兩部分，最好先做奶酪再做上層的田香，這樣就只需要一個容器就可以完成了。

　　奶酪粉只有少數烘焙專賣店可以買到，如果你找不到奶酪粉，可以用果凍粉取代，會有不同的口感。

荸薺凍 1人份

材料

去皮的荸薺 50公克
果凍粉 40公克
冷開水 90c.c.
水 270c.c.

做法

1. 去皮的荸薺川燙備用。
2. 將川燙過的荸薺放入果汁機中,加90c.c.的冷開水打碎。
3. 270c.c.的水煮滾後加入果凍粉,再倒入打碎的荸薺一起攪拌均勻後,倒入果凍杯或咖啡杯中放涼,再放入冰箱冷藏。

品嚐小語

　　荸薺脆脆的口感,常被拿來做為點心的材料,在菜市場裡,很容易就可以買到去皮的荸薺;果凍杯則可以用家裡的咖啡杯或花茶杯代替。

　　可以用新鮮果汁取代冷開水,與荸薺一起打碎,這樣可以做出不同的口味。

水草鬆餅 1～2人份

材料

水薄荷葉 20～30片
鬆餅粉 6茶匙
蛋黃 1顆
牛奶 約100c.c.

做法

1.水薄荷葉洗淨瀝乾。
2.將水薄荷葉、鬆餅粉、蛋黃、牛奶一起攪拌均勻，倒入鬆餅機中烤約5分鐘即可。

品嚐小語

水薄荷做的鬆餅，不加任何調味就非常好吃，也可以用其他香料水草，像是白花紫蘇或者大葉田香代替，會有不同的味道。

市面上賣的鬆餅機厚度不一，厚的機器做出來的鬆餅比較鬆軟，薄的口感則像餅乾，請依照自己的喜好，選擇鬆餅機。

喜歡吃甜食的人，還可以在鬆餅上淋點巧克力醬或者蜂蜜、鮮奶油。

第3章

水草生活大師

即使是新手上路，也能輕輕鬆鬆擁有滿室的綠意盎然。水草生活家精選33種最受歡迎、容易栽植照料的水草，詳列其特色、繁殖與照料方法，即使是初學者，也能在最短的時間內掌握栽種技巧，成為水草生活大師。

水草四大家族

　　一般人想到水草，大概只會想到長在水裡頭的水草。不過在這本書裡所介紹的水草是廣義的水生植物，可以生長在池塘、沼澤、溪邊、水溝等潮溼的地方，只要有水，它們就可以生長。

　　目前市面上對於水生植物有許多不同的分類法，在這本書裡，是依植物在成熟期的最終狀態來分類，把水草分成挺水性、浮水性、沉水性與漂浮性等四大家族。

　　雖然水生植物可以用成熟期的最終狀態來分成四大家族，但是，水生植物是適應力非常強的植物，所以，常常會因為環境的改變，而有不同的姿態。舉例來說，有些水草原本是挺水性的水草，但是經過人為培養後，它可以沉入水中生長，變成適合水族觀賞用的植物，所以即使已經處於成熟期，它也可以同時兼具挺水和沉水形態。

挺水性

挺水性植物的根生在水底，葉片卻伸出水面，離開水面，開花時也都在水面上，例如荷花、荸薺、白花紫蘇、大葉田香、水薄荷、魚腥草、香蒲等都是挺水家族的成員。

浮水性

浮水性水生植物的根固定在水底，葉子則是飄浮在水面上，家族成員中，睡蓮、菱、芡、台灣萍蓬草等是最明顯的代表。

許多人會把睡蓮與荷花搞混，其實分辨荷與蓮的方法最簡單的就是看它的葉子，睡蓮的葉片是浮在水面上，而荷花的葉子則是挺出水面的。

浮水性水生植物也有水中葉，不過葉片與水上葉不同，例如台灣萍蓬草的水中葉翠綠透明呈波浪狀，水上葉卻是深綠色而且平貼在水面上，差異非常大。

漂浮性

漂浮性水生植物指的是漂浮於水面上的水草，這些水草總是隨波逐流，浮萍是最明顯的代表，還有槐葉蘋、滿江紅、大萍（水芙蓉）、布袋蓮等都是漂浮性水草。這些水草繁殖的速度很快，會在短短的時間內佈滿水面，有的漂浮性水草在莖部還有氣室，可以使它更容易浮在水面上，像是大萍（水芙蓉）、布袋蓮就是最好的代表。

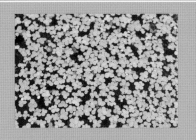

沉水性

沉水性水生植物的植物體一定要完全沉在水裡，一旦脫離水面就會因為缺水而枯萎。像是金魚藻、網草、水車前等都是這個家族的成員，所以，這些水生植物一定要在水族箱栽培，不能夠用盆栽的方式種植。

入門級水草

如果你是種水草的新手，一點也不用擔心自己沒有「綠手指」，也不需要擔心沒有水族箱，因為有很多水草，即使是用簡單的容器也可以養得很漂亮，只要有充足的水分和光線，再參考書中的說明和建議，相信你一定很快就能上手，輕輕鬆鬆讓生活空間充滿綠意。

槐葉蘋

水草家族檔案

俗名：蜈蚣萍

學名：*Salvinia natans(L.)All.*

科名：槐葉蘋科Salviniaceae

分類：漂浮性

可利用部位：整株

運用範圍：肥料、觀賞

售價：1盒100元

很多到水草場來的遊客，看到我養在戶外陶缸裡面的槐葉蘋時，都會很興奮的大喊：「好可愛喔！」喜歡漂浮性水草的人，大部分都會選擇槐葉蘋，因為它不只長得可愛，又很容易照顧。

槐葉蘋的名稱，是因為葉片的形狀與陸生植物槐樹的葉片很像，所以得名。槐葉蘋的葉片上有很多細毛，所以只要有水珠在上面，就會閃閃發光，像鑽石一樣。

市面上可以買到的槐葉蘋以國外引進的速生槐葉蘋，又稱人厭槐葉蘋（*Salvinia molesta* D.S.Mitchell）為主，因為聞起來有怪怪的味道，所以被稱做「人厭」槐葉蘋。

如果不喜歡人厭槐葉蘋的氣味，還可以選擇另外一種從東南亞引進的僧帽葉槐葉蘋（耳葉蘋，*Salvinia cucullata* Roxb.ex Bory.）。這種槐葉蘋葉片的邊緣會往上翻，看起來很像倒翻的僧帽。也有人覺得它長得像酒杯，所以也叫它「酒杯槐葉蘋」。

栽培價值與運用方式

漂浮性的水草，很多都適合當肥料用，農夫們往往會在休耕的田裡養一些槐葉蘋，到了要耕作的時候，在重新整地時，把槐葉蘋混入泥中，就變成天然的綠肥了。台灣的野生槐葉蘋，本來是生長在福隆一帶的水田或池塘裡，不過野生品種現在已經很難見到了。

耳葉蘋

繁殖與照料

因為槐葉蘋很容易繁殖，所以當葉片變黃或爛掉時，就可以把它摘除，很快就會再長出新的葉片來。很多人一聽到槐葉蘋很容易照顧，就會偷懶放任不管，這樣槐葉蘋可能會擠滿整個容器，不但不賞心悅目，也會長得不健康，所以千萬不要捨不得摘除多餘的葉片。

陽光、空氣、水是植物生長的三要素，雖然說槐葉蘋很好養，可是要養得好看，需要充分的光線。有些人買了槐葉蘋回家，但葉片卻愈養愈小，該怎麼辦？其實這是因為光線不夠，所以葉片才會漸漸縮小。如果家裡面沒有庭院或者陽台，不能長時間養在戶外，補救的方法就是要常常把它搬到外面曬曬太陽。

養槐葉蘋的水，最好不要直接用自來水，最好是先在自來水裡面放幾片枯葉，再放上一兩個星期，這樣水裡就有天然的有機肥，用這些水來養水草，葉片會長得更好看。

大萍

水草家族檔案

俗名：水芙蓉、大藻

學名：*Pistia stratiotes* L.

科名：天南星科Araceae

分類：漂浮性

可利用部位：整株

運用範圍：豬飼料、觀賞、廢水處理

售價：1株1～20元

大萍的俗名是水芙蓉，因為大萍的葉片在盛開時，很像陸生植物的芙蓉一樣美麗，所以被稱為水芙蓉。大萍之所以能夠漂浮在水面上，靠的是葉柄裡的氣室，增加了它在水面的浮力。一般人都認為大萍是不會開花的植物，其實屬於天南星科的它與同科植物一樣會開花，只是花的顏色與葉子太接近，花朵又小，所以很容易被忽略。

栽培價值與運用方式

早期在台灣鄉下，都會把大萍拿來當做豬的飼料，原生地在南非的大萍，聽說也是河馬愛吃的食物呢！外型美麗的大萍，不只適合當做觀賞植物，也有環保的功能，因為它的耐污性強，可以吸收重金屬元素，所以用它來處理廢水非常適合。

繁殖與照料

大萍主要是用莖部來進行無性繁殖，很容易就可以繁殖成一大片。大萍的花苞裡有十幾顆的種子，等到果實在水裡成熟後，果實的種皮會腐爛，種子就可以分散出去繁殖。因為大萍太容易繁殖了，如果長在河道上，很容易造成阻塞，影響生態，因此千萬不要將大萍隨便往水溝裡倒，以免成為破壞生態的幫兇。

雖然入門植物很容易照顧，不過，大萍需要充分的日照與肥料，如果這兩者不夠，葉片就會變黃，這時候千萬不要灰心，只要把它拿出去曬曬太陽，就有起死回生的機會。有人剛開始養大萍時會天天換水，其實，大萍不能經常換水，因為自來水的養分不足，最好的方法是參考養魚的換水方式，每次只換一半的水。

如果擔心自來水的養分不夠，可以使用市面上販賣的綜合肥料（例如好康多），這樣，大萍就會長得又大又好看。

大萍（水芙蓉）的花苞

滿江紅

水草家族檔案

俗名：羽葉滿江紅、台灣滿江紅

學名：*Azolla pinnata* R.Brown

科名：滿江紅科Azollaceae

分類：漂浮性

可利用部位：全株

運用範圍：驅蚊、天然氮肥

售價：1盒100元

在台灣的水田、池塘、沼澤裡很容易看到的滿江紅，是屬於漂浮性的水生植物，主要生長在亞熱帶與熱帶，每到秋冬時節，氣溫變低時，就會由綠轉紅，將整片水域變得紅通通的，「滿江紅」的名字就是因此而來。也有人說，岳飛所寫的「滿江紅」，就是因為看到這種水草，想起了家鄉，有感而發所寫成的。滿江紅的葉片看起來好像魚鱗一樣，重重疊疊的。不過，另外還有一種稱為日本滿江紅的品種，它的葉片雖然也像羽毛一樣，卻不會重疊在一起。

栽培價值與運用方式

一般的植物都需要氮，可是滿江紅可以生長在沒有氮源的環境下，因為它的葉片裡有所謂的固氮藍綠藻，所以如果把它埋在土壤裡，就可以提供氮素，減少使用化學肥料中的氮肥。因此對一般植物來說，滿江紅是很好的天然綠肥。在農田休耕期間常常可以看到整片水田的滿江紅，原因就是春耕時重新翻土，這些滿江紅可以當做天然的氮肥來用。

滿江紅曬乾後燃燒，可以用來驅蚊，它在民間也被用來做為活血解毒，治療跌打損傷的草藥。

繁殖與照料

生長速度很快的滿江紅，是無性繁殖的水生植物，所以不需要開花結果，就可以進行繁殖。

每到秋冬溫度降低的時候，滿江紅的葉綠素會被破壞，接著產生紅色的花青素讓葉片變紅，就像楓葉在秋天轉紅一樣，讓人從外觀去感受到季節的變化。但是，影響滿江紅變色的因素不是只有溫度而已，營養和光線也會改變它的顏色。

雖然滿江紅很好養，但是，如果營養或光線不足的時候，葉片會很容易腐爛，這個時候，可以在水裡加一些肥料，很快就可以改善腐爛的狀況。

要提醒你的是，漂浮性的水草如果養在水族箱裡，除了要注意光線是否充足外，也要注意控制它的繁殖速度，否則很容易會遮住底下水草的光線，影響其他水草的生長。

白花紫蘇

水草家族檔案

俗名：三角葉

別名：擬紫蘇草

學名：*Limnophila aromaticoides Yang&Yen*

科名：玄參科Scrophulariaceae

分類：挺水性

可利用部位：全株

運用範圍：料理、觀賞、民間偏方治療不孕症

售價：1盆20～30元

特色

白花紫蘇是一年生的挺水性植物，野生種通常都是沉在水中，是水族市場常見的水草。

種在盆栽裡的白花紫蘇，花朵是白色的，葉子是對生的，種在水中時葉片會變成輪生葉，姿態更美。白花紫蘇主要分布在台灣北部，葉子與葉柄聞起來有類似紫蘇的味道。

栽培價值與運用方式

白花紫蘇整株都可以吃，可以做冰沙，也可以做沙拉。雖然台灣有原生種的白花紫蘇，但是台灣人很少拿它來做料理，只有在民間偏方中，把它當成治療不孕症的藥草。雖然台灣人很少用它來入菜，但它在越南可是非常普遍的食材，越南人在煮酸辣湯時，通常都不會忘了它。

繁殖與照料

白花紫蘇屬於一年生的植物，冬天開花結果之後，會自然死亡，但是種子可以保留下來，隔年春天再種到土裡，馬上就可以長出新芽來。

除了用種子繁殖外，白花紫蘇也可以用扦插法來繁殖，只要將枝葉直接插在土裡就可以活，如果把它當做廚房的料理材料，也可以常常摘取使用，因為它的葉片很容易再生，不用擔心「缺貨」。

白花紫蘇如果種在盆器中，需要比較溼軟的泥土，也需要全日照的環境，因此，比較適合擺放的地點是戶外庭院，或者有充分光源的陽台。

白花紫蘇是挺水性的植物，但是種在水族箱裡面，還是很漂亮。但要注意的是，水族箱裡必須有栽培土，才能用扦插法繁殖，因為白花紫蘇不喜歡低溫，所以水族箱裡一定要有加溫器，另外，還要注意二氧化碳的含量，以及給與予充分的光源。

白花紫蘇水中葉

白花紫蘇水上葉

大葉田香

水草家族檔案

俗名：糕仔料草

學名：*Limonophila rugosa*(Roth)Merr.

科名：玄參科Scrophulariaceae

分類：挺水性

可利用部位：葉、莖

運用範圍：防蚊、料理、觀賞

售價：1盆20～30元

特色

大葉田香是多年生的挺水性水生植物，水溝邊、池塘和休耕水田邊常常可以見到。台語俗稱糕仔料草的大葉田香，在早期是做糕點的材料，它的莖和葉都可以食用，香氣與八角很像，非常適合調味。

栽培價值與運用方式

在以前的農業社會，家裡養的牛如果因為犁田太勞累而導致胃口不好，農民都會採大葉田香的葉子給牛吃，大約吃上一個星期之後，牛的食慾就會變好，非常神奇。另外，大葉田香也可以防止蚊蟲叮咬，大葉田香的汁液是天然的防蚊液，抹在皮膚上，可以讓小黑蚊離你遠遠的，乾燥後的大葉田香，沾點水一起搓揉，還是可以有效的防止小黑蚊叮咬。

繁殖與照料

冬季會開花結果的大葉田香，可以用種子來繁殖，也可以用扦插方式繁殖。

雖然大葉田香繁殖很容易，但它在冬天不易存活，因此，建議你將種子保留起來，等到來年的春天或夏天再進行繁殖的工作。

大葉田香是多年生的植物，冬天氣溫太低的時候，很容易死掉，家裡如果有水族箱，可以把它們移植到水族箱裡面加溫，就能夠平安過冬了。

大葉田香盆栽

大葉田香的花

水薄荷

水草家族檔案

俗名：薄荷草

學名：*Lindemia* sp.

科名：玄參科Scrophulariaceae

分類：挺水性亦可沉水

可利用部位：葉、莖

運用範圍：料理

售價：1盆20～30元

水薄荷的水中葉

水薄荷的水上葉

特色

　　水薄荷不是台灣的原生種，是由日本進口的，它有薄荷的香氣，主要分布在日本和東南亞一帶，又稱為薄荷草。它的葉片比一般陸生薄荷小，是多年生的挺水性植物，但也可以完全沉水，若是種成盆栽，全年都會開花。

栽培價值與運用方式

　　水薄荷有薄荷的香氣，可以將它做為調和燥熱的食補藥材，比如冬令進補時，可以加一點在羊肉爐內；另外，也可以做成薄荷飲料或點心，味道非常好！

繁殖與照料

　　水薄荷只要用扦插法就可以繁殖，所以如果當成料理的食材，可以常常採收，葉片反而會長得比較好。

　　種植水薄荷的季節，以夏、秋兩季較適合。因為它只需要半日照的環境，所以很適合種在陽台或者窗戶邊。

　　如果用盆栽方式種水薄荷，要選擇軟、爛的泥巴或土壤，也要供給足夠的水分。土壤的水分愈多，葉片就會愈青翠，葉形也會比較大。

　　如果是種在水族箱裡，最好將它擺在中景或背景的位置，因為它的個子比較高，大約是30公分，如果擺太前面，很容易擋到其他比較矮小的水草。

香蒲

水草家族檔案

俗名：水蠟燭

學名：*Typha orientalis* Presl

科名：香蒲科Typhaceae

分類：挺水性

可利用部位：葉片內的嫩筍、葉、花序、花粉
　　　　　　果實上的冠毛

運用範圍：料理、防蚊、編織材料、插花材、藥材、枕頭的
　　　　　　填充物

售價：1株40～50元

生長在內陸溼地的香蒲，因為它的花，花序排列形狀像蠟燭，所以俗稱水蠟燭，它的花是常見的插花材料。花爆開之後，會飄出像蒲公英一樣的種子。在台灣各地的河口，另外還有一種長苞香蒲，與香蒲很像，只是高度比人還高。

栽培價值與運用方式

香蒲的雄花花粉稱為「蒲黃」，是常見的中藥材，有利尿、止血的功能。成熟的香蒲點火之後可以驅蚊，還可以當成火把來使用，一棵香蒲燃燒的時間可以持續30分鐘左右。

香蒲果實上的冠毛「蒲絨」，常被拿來當做枕頭的填充物；香蒲的葉子不但可以做成造紙的原料，也可以用來編織，所謂的「蒲團」就是用燈芯草與香蒲葉編織而成的。

香蒲的地下莖可以炒菜、煮湯或泡醋來吃，香蒲葉撕開後，裡面的嫩莖稱為「蒲筍」，也是料理的好材料。

在台灣的鄉間有很多的野生香蒲可以採集，6～9月開花，將花採集後可以乾燥當做插花材料；如果想用蒲葉來編織，也要乾燥處理後才能使用。但是，想要吃好吃的蒲筍，就要挑選嫩葉了。

繁殖與照料

香蒲每逢6～9月會開花，花序爆開後，把像蒲公英一樣的種子，直接播灑在溼土上就可以繁殖了。香蒲需要全日照的環境，最好是種在全天可以曬到太陽的院子裡，不過要記得它是水生植物，所以土壤的溼度一定要夠。

蒲黃

蒲絨

魚腥草

水草家族檔案

別名：蕺菜

俗名：臭瘥草

學名：*Houttuynia cordata Thumb.*

科名：三白草科*Saururaceae*

分類：挺水性

可利用部位：葉、根、莖

運用範圍：美容、藥材、料理

售價：1斤100元（乾燥後）、1盆30～40元

繁殖力旺盛的魚腥草是多年生草本植物，因為它的莖、葉在揉搓後會有一股濃濃的魚腥味，所以有這樣的名稱。因為魚腥草的氣味實在是太臭了，所以台灣人又把它叫做「臭瘥草」。

栽培價值與運用方式

魚腥草氣味不好聞，卻是用途廣泛的藥草，生的魚腥草汁液對溼疹、青春痘以及化膿症有療效，所以也有人用魚腥草汁來製作化妝水或洗面皂。

至於乾燥的魚腥草則有利尿、抗菌、抗黴、止血的功能，它還可以改善呼吸道發炎的症狀，所以在SARS流行的時候，一下子就變成了搶手的藥草。

採收與保存

採收魚腥草，最好選擇夏天，因為那時候魚腥草長得比較快。採集時只要選擇露出地面的部分就好，如果葉片有很多泥土，或者不確定是不是有受到農藥污染，最好用水沖洗乾淨。如果確定採集的魚腥草是乾淨的，可以直接放在太陽下曬乾。

乾燥過的魚腥草可以用報紙包起來，掛在通風良好的地方保存，最好不要放到塑膠袋裡，以免受潮產生黴菌。

繁殖與照料

種魚腥草需要全日照的環境，潮溼而肥沃的土壤，因為它是入藥的植物，建議最好用有機肥代替化學肥料。

野外的魚腥草

魚腥草盆栽

魚腥草的水中葉

尖瓣花

水草家族檔案

別名：水金鳳、楔狀果草

學名：*Sphenoclea zeylanica Gaertn.*

科名：密穗桔梗科Sphenocleaceae

分類：挺水性

可利用部位：莖

運用範圍：料理

售價：野外自行採集

尖瓣花的花和果實　　　　野外的尖瓣花

特色

尖瓣花是挺水性的植物，平常在休耕的田裡就可以看到，秋天是盛產期。它的外表很像空心菜，莖也是空心的。

栽培價值與運用方式

很多人都不知道尖瓣花可以吃，把它當成雜草拔掉。後來才知道，它吃起來的口感與空心菜很像。

目前尖瓣花是高雄農改場推廣的可食用植物，也是美濃三大野菜之一。因為口感和空心菜很像，所以料理的方式只要比照空心菜就不會錯了。

颱風季節如果缺少新鮮蔬菜，可以用尖瓣花代替，不論是炒牛肉或者川燙都很不錯。不過尖瓣花的葉片吃起來苦苦的，可以吃的部分只有莖，所以料理時，千萬不要把葉子也一起炒，否則會很苦。在料理前，可以先把莖川燙過，這樣會更好吃。

採收與保存

尖瓣花至少要長到20～30公分高才可以採收，採收之後最好立刻食用，如果無法馬上食用，可以先用報紙包起來放進冰箱冷藏。

繁殖與照料

尖瓣花只要摘取莖直接扦插到溼潤的土裡就可以活，或者，也可以在尖瓣花開花之後，採集果實內的種子，直接播灑在溼土裡即可。

75

台灣萍蓬草

水草家族檔案

俗名：水蓮花、白蘭地酒瓶

學名：*Nuphar shimadai* Hayata

科名：睡蓮科Nymphaeaceae

分類：浮水性

可利用部位：根、莖、果實

運用範圍：觀賞、藥用、學術研究

售價：1株大約300元

特色

　　台灣萍蓬草是多年生的浮葉植物，全年都會開黃色的花，可以說是台灣最漂亮的水草。著名的台灣歌謠《孤戀花》中，也有它的倩影，「風微微，風微微，孤單悶悶在池邊，水蓮花滿滿是，靜靜等待露水滴。」歌詞中的水蓮花就是台灣萍蓬草。

　　台灣萍蓬草的果實像酒壺，所以也有人稱它「白蘭地酒瓶」。它的水上葉與水中葉子然不同，水上葉呈心型，平貼水面，水中葉則是翠綠的波浪狀。

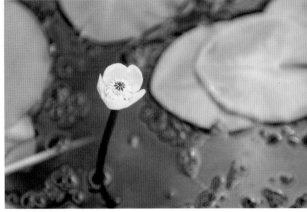

台灣萍蓬草的花

栽培價值與運用方式

　　台灣萍蓬草是台灣特有種植物，野生的幾乎已經瀕臨絕種，只有在桃園龍潭、觀音還可以找到，可說是國寶級的植物。

　　台灣萍蓬草的根、莖和果實可以做為藥材，對於脾胃衰弱、消化不良和女性的生理期不順都有療效。

　　因為實在是太稀有了，在花市一株要賣300元左右，目前大多是觀賞用途，偶爾有人會將它當做花材使用。

台灣萍蓬草的水中葉

繁殖與照料

　　想要種台灣萍蓬草，可以到花市購買，直接移植就可以，土壤選擇有機腐植土，先修掉葉子，保留主莖再移植，這樣就可以長得很好。不過要注意，台灣萍蓬草除了要有充足的水分外，還需要全日照的環境，因此，一定要種在戶外。

香菇草

水草家族檔案

俗名：銅錢草

學名：*Hydrocotyle verticillata*

科名：龍膽科Gentianaceae

分類：挺水性亦可沉水

運用範圍：觀賞

售價：1盒約20～40元

香菇草的水中葉

特色

　　香菇草的水中葉與水上葉葉形相同，因為形狀像銅錢，所以又名銅錢草。香菇草若以盆栽種植會開花，但是它的花很小，並不起眼。若是種在水族箱內，高度大約只有5到15公分，所以一般都放在前面做為前景植物。

栽培價值與運用方式

　　由於香菇草的葉片像銅錢，有招財的意味，所以很多人把它拿來送禮，非常討喜，在花市或水族店都可以買到。

繁殖與照料

　　香菇草在光線少的時候，會長得比較高，葉片也會比較大；而在光線強的環境，反而會比較矮小。這是因為香菇草屬於陰性植物，所以種植的環境不需要很強的日照，很適合擺放在像浴室這種光線比較少的地方。除了不喜歡光線外，香菇草也喜歡低溫的環境，所以夏天時，一定要放在陰涼的地方，否則就會長得不好。

　　要特別注意的是，香菇草是多年生的植物，而且非常強勢，隨意被丟棄的一株香菇草，在短期內就可以淹沒一整片土地，所以千萬不要隨便丟棄這種植物，以免破壞自然界的生態。

蓴菜

水草家族檔案

俗名：馬蹄草

學名：*Brasenia schreberi* Gmel.

科名：蓴科Cabombaceae

分類：浮水性

可利用部位：嫩芽

運用範圍：料理、美容

售價：1株400～500元

野外的蓴菜

特色

蓴菜是多年生的浮葉植物，和荇菜很相似，不過荇菜的葉片比較圓，蓴菜的葉片則是橢圓形，很容易分辨。

清光緒20年的《雲林縣采訪冊》裡記載：「朝經水沙連，暮宿大坪頂，其上多白雲，其下產蓴菜。」文中的水沙連就是現在的日月潭，表示當時日月潭地區有很多蓴菜。除了日月潭外，台灣其他地區也有蓴菜，現在在宜蘭的崙埤池與中嶺池還可以找到野生種的蓴菜。日據時代，日本人還特別在宜蘭僱工照顧蓴菜，用來進貢給天皇。

栽培價值與運用方式

蓴菜的葉片富含膠質，非常適合入菜，西湖蓴菜湯就是用蓴菜的嫩芽來料理的。日本料理也常用到蓴菜，為了長久保存，還會用醋來浸泡。

由於蓴菜的嫩芽有豐富的膠原蛋白，可以保溼，所以也被當成天然的護膚用品。

端午節前後可以採集嫩葉來吃。

繁殖與照料

蓴菜最好用分株的方法來繁殖，將土中的匍匐根莖剪成單獨的植株後，再分盆種植就可以了。種植的時間最好在夏天，而且種蓴菜的水，最好不要常常換。土壤最好選擇酸性腐植土（酸鹼值在6.5左右的腐植土，在花市可以買到現成的）。冬天時，蓴菜的葉子會爛掉，只剩地下莖，到了春天，又會再長出葉子來。

田字草

水草家族檔案

別名：蘋

學名：*Marsilea minuta* L.

科名：蘋科Marsileaceae

分類：挺水性

可利用部位：幼芽

運用範圍：料理、觀賞

售價：1盒約20～30元

田字草的浮水形態

特色

　　田字草，古人稱為「蘋」，是挺水性植物，根莖固定在水底的泥土，葉片剛開始是浮在水上，最後會挺出水面。它也有水中葉，不過外形和水上葉一樣。

　　有四片葉子的「蘋」，因為長得像個「田」字，所以俗稱田字草。很多人會把它與酢漿草搞混，不過酢漿草的每個葉片都有個凹洞，田字草沒有。而且酢漿草絕大部分是三個葉片，田字草則有四個葉片。

栽培價值與運用方式

　　古人在春天的時候會採田字草的幼芽蒸來吃，聽說是很名貴的菜，也用來祭祀。不過現在的田字草，只當成觀賞用。

　　古人雖有食用田字草的記載，而且還用來祭祀，可是目前台灣沒有人把它拿來當食物，所以並沒有採收。

繁殖與照料

　　田字草是蕨類，栽培方式與白花紫蘇一樣，不過土要多，水也要比較深，這樣才會長得比較漂亮。

進階級水草

接下來要介紹的水草，之所以列入進階級，主要的原因是因為要照顧這些水草，你所需要的器材和配備會比較多一點。這些水草，都具有美麗的沉水葉型態，因此，非常適合種在水族箱裡頭。如果你有水族箱和水族箱的基本配備，像是燈光、過濾器等，不妨試著和這些水草交交朋友，你一定會喜歡的！

過長沙

水草家族檔案

俗名：小對葉、白豬母草、假馬齒莧、百克爬草

學名：*Bacopa monnieri*(L.)Wettst.

科名：玄參科Scrophulariaceae

分類：挺水性亦可沉水

運用範圍：觀賞

售價：1盆20～30元

過長沙的水中葉

過長沙的水上葉

特色

過長沙原生於蘭陽溪口和無尾港溼地，是多年生的挺水性植物，在台灣的沿海溼地可以看到它的野生種。

因為它喜歡沙質土壤，耐旱性佳，而且莖可以蔓延整片沙地，所以得到「過長沙」的名字。因為過長沙的葉片是對生葉，所以水族界又叫它「小對葉」。

過長沙全年都會開花，花朵的顏色是白色或淡紫色。

栽培價值與運用方式

在營造人工溼地或者做生態池的時候，過長沙是很好的植被植物，可以用來防止其他較強勢的水草過度蔓延。

繁殖與照料

過長沙在水族箱裡面不需要強光，也不用打二氧化碳，所以很好照顧，只要溫度維持在攝氏26度左右就可以。要注意的是，過長沙的生長速度快，一定要經常修剪。

在造景方面，因為過長沙的植株比較高，所以在水族箱內最好當成中景來運用，最好可以種成叢狀，會比較好看。

過長沙種成盆栽也很好看，它在春天會開粉紫色的小花，即使在冬天也能夠長得很好。

虎耳

水草家族檔案

俗名：海洋之星

學名：*Bacopa caroliniana*

科名：玄參科Scrophulariaceae

分類：挺水性亦可沉水

運用範圍：觀賞

售價：1盒20～40元

特色

虎耳草是從北美南部進口的，因為葉片很像老虎的耳朵，所以得名，它在水族界有三個品種，包括虎耳、迷你虎耳與黃紋小虎耳。虎耳的水上葉是暗綠色，水中葉的顏色則偏黃。

栽培價值與運用方式

虎耳的盆栽在冬天會落葉，但是在春、夏、秋三季則會開青紫色的小花，葉片有檸檬味。園藝業者給了它一個很美麗的名字——海洋之星，與電影《鐵達尼號》裡的藍寶石項鍊同名。可能是因為名字的關係，它變成非常搶手的盆栽禮物。

繁殖與照料

虎耳如果種在水族箱中，只要注意給予足夠的光線，就可以長得很好。

如果種在盆栽中，最好是種在戶外，或者光線充足的陽台，除此之外，還要注意水分，一定要讓土壤非常溼潤，只要水分夠，就不會有大問題。

虎耳在肥沃的土壤中，葉片會變長、變大，可以直接用剪刀把過長的葉片修剪掉，這樣葉子會長得更美。剪下來的枝葉可以直接扦插，繼續繁殖。土壤養分不夠的時候，虎耳的葉子會變小，只要再加點肥料就可以改善。

虎耳的水中葉

異葉水簑衣

水草家族檔案

俗名：水羅蘭

學名：*Hygrophila difformis(Linn.f.)Blume*

科名：爵床科Acanthaceae

分類：挺水性亦可沉水

運用範圍：觀賞

售價：1盆20～30元

異葉水簑衣又稱水羅蘭,是多年生挺水及沉水性植物。異葉水簑衣雖然是原產於東南亞的植物,不過因為已經歸化為台灣植物,所以在南投埔里、宜蘭冬山與基隆瑞芳都可以見到野生種。它的水上葉呈橢圓形,水下葉葉片呈分裂狀,若種成盆栽,秋、冬時會開紫色的花。

栽培價值與運用方式

水羅蘭純粹是觀賞性的植物,不過因為它可以反映水質的好壞,所以可以把它跟其他水草一起種,只要它的葉片開始起變化,就可以知道是不是需要增加養分,或者要過濾水質了。

繁殖與照料

水羅蘭生長的速度很快,是水族箱新手最容易照顧的一種水草。不過要注意給予充足的養分,如果缺乏養分,它的葉片就會變白,一旦葉片轉白,就表示水族箱裡的養分不足,應該趕快用水草專用的肥料來增加養分。

水羅蘭不需要強光,如果種成盆栽,可以放在較陰暗的室內,但是如果葉片有軟爛的現象,就要拿出去曬一曬太陽,應該可以馬上恢復健康狀態。

異葉水簑衣的水中葉

異葉水簑衣的水上葉

大紅葉

水草家族檔案

俗名：大紅葉

學名：*Ludwigia arcuata*

科名：柳葉菜科Onagraceae

分類：挺水性亦可沉水

運用範圍：觀賞

價格：1盆20～30元

大紅葉的水中葉

大紅葉的水上葉

特徵

　　大紅葉的莖是紅色的，水上葉是帶紅的暗綠色，水中葉則是耀眼的紫紅色，外形也比水上葉小，而且質硬。

栽培價值與運用方式

　　大紅葉的水中葉是漂亮的紫紅色，因此很適合種在水族箱中，用來搭配其他的綠色水草。

繁殖與照料

　　要將大紅葉從水上葉變成水中葉，需要注意生長的環境，因為紅色水草除了需要充足的光照外，還需要大量的二氧化碳才能行光合作用，如果忽略了這些環節，很容易落葉死掉。這時，只要利用扦插法就可以再繁殖。

　　大紅葉是一年生植物，如果種在盆栽裡，春天會生出許多暗紅色的新葉，夏天時，它的莖容易木質化，變成褐色，到了冬天，葉片則會枯黃、死掉。如果想要繼續繁殖，可以在它開花後留下種子，再將它種在溼土內即可。

水蕨

水草家族檔案

俗名：水羊齒、小水芹

學名：*Ceratopteris thalictroides*(L.)Brongn.

科名：水蕨科Parkeriaceae

分類：挺水性亦可沉水

可利用部位：葉

運用範圍：料理、觀賞、藥用

售價：1株20～30元

水蕨同時兼具沉水與挺水兩種形態，在蘭陽平原的水田裡很常見，尤其在員山一帶更多，最特別的是位於內城太陽埤的沉水水蕨族群，是員山水蕨的特色。

水蕨的水族名稱是小水芹，葉片呈羽狀，顏色是翠綠色，目前在水族店內還有一種越南種水蕨，又稱細葉水芹。

栽培價值與運用方式

水蕨是可食用的野菜，很多瘦身餐都會把水蕨列入食譜中。除此之外，在中醫裡，水蕨也有活血、解毒，治療胎毒與跌打損傷的說法。

生長速度很快的水蕨，可以常常採收，不論水上葉或水中葉都可以利用。採下它的葉片後，要先陰乾約半天的時間，再用水川燙去掉苦澀味，然後用醬油和醋調味，或者跟肉絲一起炒也很好吃。

繁殖與照料

水蕨很容易種，冬天也不會休眠。它的葉片有芽，芽會長出小苗，所以繁殖水蕨的方式，就是直接把葉片扦插在土裡就可以。

水蕨是蕨類，屬陰性植物，所以栽種的時候不需要強光，非常好照顧。它也很適合放在水族箱中做造景，如果希望它長得快一點，可以種在比較接近光源的地方。

不過，水蕨的個子比較高，如果要種在水族箱內，水族箱的高度最好要有45公分以上。

水蕨的水中葉

小榕

水草家族檔案

俗名：小榕

學名：*Anubias barteri var nana*

科名：天南星科Araceae

分類：挺水性亦可沉水

運用範圍：觀賞

售價：1株100元

特色

小榕原產於熱帶西非，在水族箱內可以長到約10公分，因為比較矮小，在水族箱內適合做為前景植物。

小榕的水上葉呈卵型，與水中葉的差別不大，長得好的小榕，葉片邊緣會變成波浪狀。

栽培價值與運用方式

小榕可以綁在沉木或石頭上，很適合用做水族箱的造景，目前是水草外銷的熱門商品，主要銷售到中國大陸與日本地區。

繁殖與照料

小榕屬於陰性植物，不需要強光，因此在水族箱內即使沒有光照也可以存活。若種成盆栽，還可以放在浴室，雖然環境較為陰暗又潮溼，卻不會影響它的生長。

因為小榕在自然界的生長狀態就是用根附著在石頭上，所以在水族箱內，可以用縫衣線將它們綁在沉木或石頭上，讓根附著在上面。小榕的莖會長出側枝，剪下側枝綁在另外一個沉木或石頭上，它就可以繼續繁殖。

小榕在野外生長時不需要土壤，所以放到水族箱裡時，如果直接種到土裡，根反而容易爛掉，所以最好還是用綁線的方式，種在沉木或石頭上，這樣比較接近它的自然生長狀態。

墨石

水草家族檔案

俗名：莫絲、綠地毯

學名：*Vesicularia dubyana/Fontinalis sp.mixed*

科名：蔓苔科Hypnaceae

分類：沉水性

運用範圍：觀賞

售價：1盒約100元

特色

墨石是苔蘚類植物，與一般苔蘚類相同，通常附著在石頭上。

栽培價值與運用方式

墨石在做水族造景時很好發揮，所以剛剛接觸水族世界的朋友，可以選擇它做為入門水草，很容易就讓你覺得成就感十足。

墨石在十幾年前一斤大概要兩千多元，現在一盒大概一百多元。其實不一定要到水族店內購買，在鄉下，只要水質乾淨的地方就可以找得到了。

繁殖與照料

墨石自然生長的方式與小榕相似，多半是長在石頭上，所以和種小榕的技巧一樣，只要用縫衣線將它們固定在沉木或石頭上，就可以做許多的造型變化。

女王草

水草家族檔案

俗名：女王草

學名：*Echinodorus cordifolius* ssp.

科名：澤瀉科Alismataceae

分類：挺水性亦可沉水

運用範圍：觀賞

售價：1株40～50元

特色

女王草是以象耳草與E.ovalis兩種水草繁殖而成,葉片有黃、綠、白三種顏色,水上葉會開花,開花時間是夏、秋兩季。

栽培價值與運用方式

女王草的葉片同時擁有黃、綠、白三種顏色,是非常具有觀賞價值的水生植物,一般在水族店或園藝店都可以買到。

繁殖與照料

種在水族箱裡的女王草,不需要二氧化碳的設備也可以長得很好,但一定要給它充足的光線。女王草怕冷,所以冬天時,水族箱裡一定要有加溫設備才可以。

即使種在水族箱內,女王草仍會開花,開花時花會挺出水面,然後結果。女王草成熟的果實長得像豆莢,又稱果莢,保留果莢,到春天再取出種子播種在水族箱的土裡繼續繁殖即可。

女王草是多年生的植物,雖然可以種成盆栽,但是不耐低溫,冬天會休眠,除非種在溫室裡,否則不容易存活。女王草在夏、秋季節會開花,開花後,花苞會長出新的植株,稱為「不定芽」,只要利用這個不定芽分株就可以繁殖。另外,也可以將女王草的果實保留起來,到了春天再取出裡面的種子,播種在盆栽土裡繁殖。

女王草的水中葉

中柳

水草家族檔案

俗名：中柳

學名：*Hygrophila corymbosa (Stricta)*

科名：爵床科Acanthacea

分類：挺水性亦可沉水

運用範圍：觀賞

售價：1株20～30元

中柳的水中葉

中柳主要分布在東南亞，適合大型水族箱造景。中柳的水上葉與水中葉差別很大，水中葉的顏色翠綠，葉片較薄而且柔軟。原則上，中柳不需要很強的光線，不過如果光線充足，葉片會由亮綠色變成紅棕色。

中柳若以盆栽種植，冬天會開紫色的花，花朵常常會吸引蜜蜂過來採蜜。

栽培價值與運用方式

中柳大多被用來當做水族箱的造景植物，尤其適合高度90公分以上的大型水族箱。

繁殖與照料

中柳可以直接用扦插法繁殖。種在水族箱時，要注意基肥與液態肥料的供給，再加上充分的光線和二氧化碳，就可以長得很美。不過，因為它的植株比較較大，所以要避免種在擁擠的環境裡。

如果種成盆栽，就要注意別讓它們變成蛾類或者蝴蝶幼蟲的食物，發現蟲害時，不建議噴灑農藥，只要直接把蟲抓掉就可以了。

綠菊

水草家族檔案

俗名：綠菊花草

學名：*Cabomba caroliniana*

科名：蓴科Cabombaceae

分類：沉水性也有水上葉

運用範圍：觀賞

售價：1株20～30元

原產於中南美洲，水中葉是亮綠色的扇形，高度可以達到30至80公分。葉片浮出水面後，卻會變成很小的卵形或圓形，而且還會開出漂亮的小白花。

栽培價值與運用方式

綠菊非常容易照顧，而且水中姿態非常美麗，目前是水族界銷售排行榜上第一名的水草。

繁殖與照料

栽培綠菊第一個要注意的是光線，它需要強光照射，如果光線不夠，植株的節距會變長，看起來會比較醜。因為綠菊主要是吸收來自水中的養分，所以只要定期施放液態肥料就可以。

綠菊成長的速度很快，建議最好一星期修剪一次，因為綠菊比較漂亮的部份是前端節距短、葉片大的部位，因此，最好的修剪方法就是保留比較漂亮的前端，淘汰舊葉後，重新扦插。

挺出水面的花與葉片

103

大寶塔

水草家族檔案

俗名：大寶塔

學名：*Limnophila aquatica*

科名：玄參科Scrophulariaceae

分類：挺水性亦可沉水

運用範圍：觀賞

售價：1株20～30元

特色

　　大寶塔原產於印度及斯里蘭卡，水中葉是漂亮的扇形，水上葉則是披針形，會在秋、冬季時，開出白色混著紫色的美麗花朵。

栽培價值與運用方式

　　大寶塔是水族界非常普遍的觀賞用水草，十幾年前，大寶塔的售價可是非常昂貴的，一枝就大約要800元台幣，還好經由水族業者大量繁殖後，現在已是非常平價的水生植物了。

繁殖與照料

　　大寶塔主要是用扦插法繁殖，它的成長速度快，因此比較適合種在深度高而且有底砂的水族箱裡。栽培大寶塔需要注意供給充足的鐵肥，以及足夠的光線，這樣它的葉片會比較茂密。

　　大寶塔的水中葉不喜歡低溫，最適合的溫度是攝氏24至26度，因此在冬季時需要幫水族箱加溫，否則，水中葉就會長出水面，變成水上葉了。

三叉葉星蕨

水草家族檔案

俗名：鐵皇冠

學名：*Microsorium pteropus*(BL.)Copel.

科名：水龍骨科Polypodiaceae

分類：挺水性亦可沉水

運用範圍：觀賞

價格：1盆100元

　　三叉葉星蕨是多年生的挺水或沉水性植物，水上葉與水中葉形狀相同，因為是蕨類，所以不需要強光。它的葉片形狀像一頂皇冠，所以又稱為鐵皇冠，是一種很長壽的水草。

　　鐵皇冠在野外的山上或大樹下潮溼的地方都可以找到。

栽培價值與運用方式

　　野生的鐵皇冠大都附著在石頭上，因為它的匍匐性根莖會橫向蔓延，所以種在水族箱裡做造景非常適合，只要用縫衣服的線綁在沉木或者石頭上，就可以隨意改變水族箱內的景觀。

繁殖與照料

　　鐵皇冠喜歡「舊水」，所以不要太常換水，大概兩星期換一次就夠了，換水的時候，記得要保留一半原水，不要全部水都換掉。

　　如果要將鐵皇冠種成盆栽的話，千萬不要直接將它種在泥土中，因為它在自然界生長的方式是附著在石頭上，所以最好的方式是用線綁在石頭上，再給予充足的水分就可以了。

　　別忘了，鐵皇冠是蕨類，不喜歡陽光，所以要避免陽光直接照射，明亮的室內是很適合的擺放位置。

三叉葉星蕨的水中葉

水車前

水草家族檔案

俗名：龍舌草

學名：*Ottelia alismoides*（L.）Pers.

科名：水鱉科Hydrocharitaceae

分類：沉水性

可利用部位：莖、葉、果實

運用範圍：料理、藥材、觀賞

售價：1株50～60元

特色

水車前是完全沉水性的植物，在宜蘭、三芝一帶，種茭白筍的地方可以找到它們的蹤影。它是福壽螺最愛的食物，但在宜蘭內城一帶，水源地的鐵質含量較高，福壽螺不易存活，所以那裡野生的水車前也保存得比較好。

栽培價值與運用方法

水車前通常是在夏天開花結果，結果後的果實和秋葵很像，也可以吃，雖然沒有秋葵的特殊氣味，但吃起來的口感差不多，可以拿來清炒或者做羹湯。

水車前也有藥效，據說可以清熱止咳，生津益氣。把它的莖葉搗爛後，還可以治癰疽或者灼傷。

繁殖與照料

水車前是沉水性植物，只能種在水族箱裡，因為它的葉片比較大，所以比較適合大型的水族箱。它需要的基本配備包括水族箱的照明燈、恆溫器和二氧化碳製造機。而且還需要充分的水草專用液體肥料。因為植物體比較大，所以很適合做為水族箱內的背景植物。

水車前是利用種子進行繁殖，它通常在夏天開花結果，所以只要將果實內的種子取出後，播種在水族箱內的土壤內就可以繁殖了。

水車前的水中葉

黃金錢

水草家族檔案

俗名：黃金錢

學名：*Lysimachia nummualria*

科名：蓼科Polygonaceae

分類：挺水性亦可沉水

運用範圍：觀賞

售價：1盆20～30元

特色

　　黃金錢在陸上屬於匍匐性植物，它的生長狀態是緊貼地面，並且橫向蔓延。主要生長地點是在水溝邊或者溼地，春、秋兩季會開黃色的花。黃金錢如果種在水中，莖會從匍匐狀變成直立狀，葉柄會比較長，植株高度大約在5到15公分。

栽培價值與運用方式

　　黃金錢是綠金錢的變異種，顏色是黃綠色，因為一般水草都是綠色或紅色，所以讓它的顏色在眾多水草中顯得特別，也能讓水族箱的色彩更豐富。

繁殖與照料

　　黃金錢在水族箱的高度大約只有5到15公分，因此很適合做為前景植物。和其他水生植物一樣，採用扦插法就可以繁殖，春天則是最適合的生長季。它需要大量的光線，不能被其他植物遮蓋，所以最好避免與漂浮性的水草一起種，否則很容易影響它的生長。

綠金錢

黃金錢的水中葉

111

龍骨瓣莕菜

水草家族檔案

俗名：大香菇、野蓮

學名：*Nymphoides indica*

科名：龍膽科Gentianaceae

分類：浮水性

可利用部位：葉柄

運用範圍：觀賞、食用

售價：1盆20～30元

特徵

龍骨瓣莕菜屬多年生草本植物，是眾多莕菜品種中的一種，大都生長於湖泊、沼澤地區，水上葉的葉片呈橢圓狀，類似腎形，水中葉的葉片則是翠綠色，葉緣呈波浪狀。

栽培價值與運用方式

龍骨瓣莕菜又稱為野蓮、大香菇，原生種在南部的客家聚落，它的葉柄可以食用，不論清炒或涼拌都很好吃。

龍骨瓣莕菜的浮水葉

繁殖與照料

龍骨瓣莕菜夏季會開花，花苞會長出新的植株（不定芽），想要繁殖栽培，可以利用這個時候將不定芽分株，再直接種在土壤裡即可。龍骨瓣莕菜種在水族箱裡，可以不需要強光，但是如果想要欣賞它的水上葉，就需要給它全日照的環境。

龍骨瓣莕菜入菜非常可口，想要常常吃到美味的野蓮，建議將它種在深一點的容器裡面，這樣它的葉柄會比較長，可以吃的部分會比較多，龍骨瓣莕菜最高可以長到1公尺。

龍骨瓣莕菜的水中葉

挑戰級水草

栽培水草，真的是非常簡單又有趣的過程，如果，你覺得前面所介紹的水草都太簡單，無法顯出你「綠手指」的功力，那麼不妨挑戰一下接下來要介紹的挑戰級水草。

挑戰級水草除了需要完善的水族箱配備外，還需要照顧者的耐心和細心。除了要注意光線、溫度、營養外，還要定期檢測二氧化碳和水質，如果稍有不慎，這些水草就會用醜陋的外表來向你抗議，水族箱裡也會長出成群令人厭煩的藻類，原本清澈美麗的水族箱，就會看起來髒髒的，不但不美觀，還會影響觀賞者的心情呢！

鹿角苔

水草家族檔案

俗名：鹿角苔

學名：*Riccia fluitans*

科名：蔓苔科Hypnaceae

分類：沉水性

運用範圍：觀賞

售價：1盒約100元

水中的鹿角苔

特色

鹿角苔廣泛分布於世界各地陰暗潮溼的環境裡，通常是團狀生長，因為葉片長得很像鹿角，所以被命名為鹿角苔。這裡介紹的是台灣原生種，在早期，台灣只要有湧泉的地方就可以找到，不過現在已沒有這麼普遍了。

栽培價值與運用方式

因為自然環境被人為嚴重破壞，台灣現在已經很難在田野間發現野生的鹿角苔了。所以如果你很幸運的找到了珍貴的原生種，請不要全部帶回家，一定要留一些在原地讓它繼續繁殖，讓自然界的美麗可以生生不息。

繁殖與照料

鹿角苔沒有根，所以必須用無性繁殖，通常都是將整片的鹿角苔用縫衣線綁在石頭或者沉木上固定，它就會自行繁殖。

鹿角苔很適合放在水族箱的底部做造景，在水族箱裡種一大片鹿角苔，只要有足夠的光線與二氧化碳，鹿角苔就會進行很明顯的光合作用，葉片上會冒出一顆又一顆的氣泡，非常美麗。

鹿角苔需要強光照射，光線不夠時，它的底部就會腐爛，所以一定要注意。另外，鹿角苔的成長速度很快，當它長到一定體積時，位於底層的植物體很容易因為吸收不到光線而腐爛，所以即使綁在石頭上，也會帶著石頭一起漂起來，這個時候最好的解決方式，就是將腐爛的地方處理掉，再重新用線綑綁固定。

115

紅柳

水草家族檔案

俗名：紅柳

學名：*Ammania gracilis*

科名：千屈菜科Lythraceae

分類：挺水性亦可沉水

運用範圍：觀賞

售價：1盒100元

特徵

紅柳的原生地是非洲熱帶地區，水上葉與水中葉有很大的顏色差異，水上葉的莖呈紅色，葉片是鮮綠色，水中葉的莖和葉都是帶點粉橘的紅色。

它是一年生的水草，秋天開花之後就會死掉，但是如果養在水族箱內，適當的溫度、光線、水質可以讓它延長存活時間，甚至變成多年生水草。

栽培價值與運用方式

紅柳是裝飾功能很強的水草，美麗的橘紅色，可以將其他水草的翠綠更形突顯，非常受到水族同好的歡迎。

繁殖與照料

紅柳的個子比較高，所以最好用90公分以上的水族箱來栽培。因為一般紅色水草都缺乏葉綠素，進行光合作用的功能比綠色水草差，所以如果要讓紅柳維持在健康的狀態，一定要給予充分的光線與營養，尤其是鐵質的補充。

除了光線和營養外，水族箱的溫度也要控制在攝氏25至28度，溫度如果太高，水柳的葉片很容易腐爛。除此之外，平常也要多觀察紅柳的葉片，看看它的葉子是不是完整，有沒有扭曲變形，葉子如果出現破洞，很有可能是被螺類當成食物啃食，建議你可以養一兩隻娃娃魚（淡水河豚），就可以解決螺類問題了！

矮珍珠

水草家族檔案

俗名：矮珍珠

學名：*Glossostigma elatinoides*

科名：玄參科Scrophulariaceae

分類：沉水性有水上葉

運用範圍：觀賞

售價：1盒100元

矮珍珠，主要分布在澳洲，有水中葉與水上葉，葉片是對生的，長得像湯匙的形狀，植株高度大概只有2.5公分左右。

栽培價值與運用方式

矮珍珠是水族造景時常用的水草，通常是用來當做水族箱前景的「草皮」。有人只用矮珍珠和幾顆石頭來佈置偌大的水族箱，看起來就像處於一片草原上，別有一番意境。

繁殖與照料

矮珍珠是用種子繁殖，直接將它播種在水族箱內就可以。另外，因為水族店買回來的矮珍珠長得就像一片草皮，所以也可以將它分成一片、一片的，每一小片大約有5、6株就可以，直接鋪在水族箱內的土壤上，過一陣子，它就會自行繁殖連成一片了。不過，種矮珍珠之前，需要在底砂下面放入充分的基肥，之後也要定時添加液體肥料，這樣才會長得好。

矮珍珠的個子很嬌小，所以需要比較強的光線，否則很不容易進行光合作用。夏天時，要注意溫度是否太高，除了可以調整燈光的距離外，也可以加裝電扇和冷卻器來控制溫度；預算如果充裕，最好可以加裝二氧化碳的設備，這樣就可以提供矮珍珠更完美的生長環境。

矮珍珠的水下葉

網草

水草家族檔案

俗名：網草

學名：*Aponogeton madagascarensis*

科名：水薤科Aponogetonaceae

分類：沉水性

可利用部位：葉片

運用範圍：觀賞、製作書籤

售價：1株200～300元

特色

原產於馬達加斯加島的網草，因為有網狀透明的葉片所以命名，網草只有沉水葉，無法在水上生存。

栽培價值與運用方式

過去，網草是很不容易取得的植物，所以有「水草之王」的稱謂。現在在台灣，不是每個水族店都有販賣，而且價格還是屬於貴族級，一株大約要二、三百元。

網草的網狀葉片乾掉之後，可以直接拿來做成書籤，既環保又有創意。

繁殖與照料

栽培網草需要非常注意溫度和水質。網草很怕熱，所以它在台灣的夏天是比較不容易存活的。如果你的水族箱裡有可以降溫的冷卻系統，就比較容易克服這問題，但冷卻系統的價格昂貴，大概都要上萬元，所以不建議這麼做。最經濟的方式是在夏天時切掉它的葉子，留下塊莖後放到冰箱內「避暑」，等到天氣轉涼再拿出來種就可以了。

以網草做成的書籤

日本珍珠草

水草家族檔案

俗名：日本珍珠草

學名：*Elatine orientaris*

科名：溝繁縷科Elatinaceae

分類：沉水性有水上葉

運用範圍：觀賞

售價：1盒20～30元

日本珍珠草是袖珍型的水草，水上葉有兩片卵形對生的葉子，而且沒有葉柄，植株比矮珍珠更纖細。主要分布於日本與亞洲的日本珍珠草，通常在野外的水田或溼地可以看到。

栽培價值與運用方式

日本珍珠草是水族造景常用的水草，它的水上葉生命力很強，繁殖的速度也很快，高度可以達到1～10公分。

日本珍珠草在水族造景上可以做很多變化，不論做前景、中景或者背景都很適合。它也可以綁在沉木、石頭、或者浮球上，甚至可以製造出樹叢的感覺，可以十足的發揮造景者的想像力和創意。

繁殖與照料

日本珍珠草生長時需要足夠的光線與二氧化碳，它的生長速度很快，所以需要常常修剪。繁殖時，只要用扦插法種在泥土中就可以了。

日本珍珠草如果是用線綁在石頭或沉木上做造景，就要特別注意光線的問題。它和鹿角苔一樣，如果底部沒有足夠的光線照射，就很容易腐爛，所以一定要經常檢查底部葉子的生長狀態。

日本珍珠草的水中葉

123

水草栽培DIY

水生植物照顧容易，用途廣泛，你是不是已經心動，想要開始親近美麗的水草呢？

對於從來不曾接觸過水生植物的人來說，很可能會對市面上五花八門的工具感到眼花撩亂，不知該從何看起、選起，建議你先了解書中介紹的植物，從中選擇你喜歡、想種植的水草，了解這些水草適合的環境後，再評估自己有多少預算，可以建構怎麼樣的水草世界。

貴不一定好，大也不一定漂亮，好又漂亮的容器，卻不一定適合你，所以，不需要盲目的跟隨別人的喜好，只要你喜歡，即使是從路邊撿來的瓶罐、石頭，水溝裡撈起來的浮萍，也能讓你建構出美麗的水草世界，表現出自己獨到的眼光和品味。

新手上路的基本配備

大多數的水生植物都很能夠適應環境，剛開始接觸水草，建議你不需要馬上就投入大筆金錢在周邊的設備上。有許多水草，只要有盆器，有水，有土壤就夠了，而這些器具，你甚至可以從現有的鍋、碗、瓢、盆中去尋找，根本一毛錢也不用花。

盆器

在以土壤栽種挺水性水生植物，或者以水培養浮水性或飄浮性水生植物時，盆器是最基本，也是最重要的器具，只要盆器漂亮，就可以先打上八十分！

原則上，只要不會漏水的器皿都可以拿來做為栽培水草的盆器，不管是陶、鐵、木、玻璃等，甚至茶杯、馬克杯，只要它們的造型是你喜歡的，都可以發揮你的創意加以利用。

如果你是到園藝店買種花專用的盆器，那麼你會發現大部分盆器的中央都會有個洞，這種中央有洞的盆器並不適合需要大量水分的水草。有兩個方法可以補救，第一是到五金行或B&Q買一些矽膠，用矽膠把這個洞口封起來，另一個方法更簡單，直接找尺寸適合的厚塑膠袋套住盆子，只要水分不會流失，就可以當做水草未來的家了。

水族箱/盛水器皿

　　水族箱或可以盛水的器皿可以讓我們清楚的觀賞到水生植物在水面漂浮或者在水中舞動的姿態。

　　目前在市面上，有各式各樣可以盛水的容器，從迷你型到落地型的水族箱、插花的花器、可以盛放浮水蠟燭的玻璃器皿……只要不會漏水，都可以拿來利用。不想花錢的話，甚至可以用玻璃杯、罐頭瓶或汽水瓶來代替，既省錢又環保！

　　如果你想要專業一點，買一個水族箱來栽種水草，建議你在選擇時最好挑選玻璃或者強化玻璃材質的產品，雖然壓克力材質的水族箱比較便宜，也不會因為溫度變化而起水霧，可是品質不好的壓克力水族箱，很容易因為水壓過大而破裂，反而不安全，所以還是不要為了省錢而因小失大吧！

土　壤

　　土壤是挺水性水草在以盆栽種植時的養分來源，水草是不是能夠長得健康，長得漂亮，土壤的選擇是重要關鍵。

　　原則上，只要是固水性佳、透氣性好的土壤，就很適合用來栽種水生植物，所以，如果你是住在鄉下地方，那麼，水田裡或者溪、湖邊的爛泥巴就是非常好的選擇。如果你是住在缺乏綠地的都市中，那麼，最方便的選擇就是到花市或是園藝店購買現成的泥炭土或培養土。反正，只要不是透氣性差的黏土，都可以拿來做為盆栽種植的土壤。

在水族箱裡栽培沉水性的水草，有許多是需要用底砂來固定根部的，所以，在搭配底砂時，也必須配合你所栽種的水草來選擇。

如果你有機會到水族店逛逛，就會發現目前搭配水族箱的底砂不但種類多，顏色也多。它們有許多是用大小不同的石頭染色而成的，可以搭配不同的造景來運用。

不管你選擇哪一種底砂，有一點非常重要，就是絕對不能用會起化學變化的材料，因為水族箱裡通常都會添加或施打二氧化碳，這時產生化學反應的底砂就會與二氧化碳發生交互作用，影響水質後，就會影響水草及其他水中生物的生長。許多人常常為了美觀、漂亮的理由而選擇用貝殼砂來做底砂，不過，貝殼砂通常是很容易產生化學反應的材料，最好避免用在水族箱中，如果真的想使用，也只能點綴性的使用，不要放太多的量。

想要知道所購買的底砂是否安全，有一個測試方法，就是倒一點點鹽酸在底砂上，如果底砂冒出泡泡，就表示它已經起了化學變化，是不適合用在需要二氧化碳的水族環境中。

最適合的底砂會在包裝上標示「水草專用」的文字，它們是從國外進口，專門給水草栽種時使用的細砂。不僅透氣性好，也不會與二氧化碳產生化學變化，所以目前一般店家都會推薦使用這種底砂。在水族店的售價是22公斤裝，約4百至5百元。也有少數水族專賣店會拆開來秤重販賣，不過零售的價格很紊亂，建議還是直接買標準22公斤裝比較好。

另外，還有一種由日本進口的「ADA基肥土」高級底砂，1包8公升，價格大約是2千元。這種底砂是將土壤做顆粒化的處理，不只透氣性佳，也可以讓水質保持在穩定的狀態，如果想栽種的水草難度比較高，就可以使用這種底砂，比較不容易失敗。

就像種植一般陸生植物的泥土需要常常翻動一樣，底砂使用一陣子之後，也需要翻動，讓它保持比較好的透氣性。當你在佈置或整理水草時，可以順便用鑷子稍微翻動一下底砂，注意，只要輕輕攪動一下就可以了，這樣才不會把整缸水都攪動得過於混濁。

讓水草更美麗的配備

熟悉水生植物栽培的基礎後,如果想挑戰有點困難度的水草栽培領域,介紹你以下的工具,它們可以讓你的水族箱世界更豐富,更有可看性,而且水草也會加倍美麗!

石頭/沉木

不要小看那些不起眼的石頭和沉木,在為水族箱做造景工作時,常常都能達到畫龍點睛的效果。「沉木」指的是放入水中會下沉的木頭,一般都是用漂流木製作。因為漂流木長時間浸泡在水中,碳化之後密度比水還重,所以可以很容易的沉入水中,所以稱為「沉木」。

不管是石頭還是沉木,都可以在水族店或者園藝用品店找到,價錢會因材質、造型而有所差異,當然,如果你到郊外或海邊踏青,看到順眼的石頭或漂流木時,也可以帶回家加以利用,不過,請務必確定這些石頭或木頭是沒有主人的才行。

不論你是買的,還是揀的,石頭或木頭帶回家時,請一定要刷洗得非常乾淨,以免躲藏在細縫裡的蟲或螺類跑出來危害水草。

沉木帶回家後,最好先在水中浸泡一、兩個月再使用,因為如果馬上放入水族箱中,木頭裡面的色素會分解出來,讓水變混濁,不但影響水族箱內的照明,也會影響水草進行光合作用。

照明燈

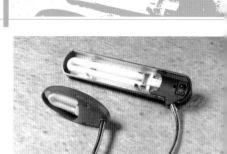

照明燈除了提供水草光源，進行光合作用外，也能夠讓你的水族箱更賞心悅目。目前市面上，水族箱專用的照明燈從幾百元到上萬元都有，所以，請依實際需要和經濟狀況來做取捨。

不過，在選擇照明燈時，除了外觀、價錢之外，還有幾個因素請一併考慮。

1.先確認它是不是接近太陽光波長的照明燈。其視覺效果最好，目前在水族用品店內販賣的大多是這一種燈。

2.確認照明燈的反射效果和散熱功能是否良好。一般說來，燈座的材質如果是鋁合金的，會比較容易散熱而且也不容易生鏽。照明燈的反射效果與散熱功能，從外觀是無法判斷的，最好是詢問店家多作比較。

3.確認照明燈是否有電子式安定器，因為這種照明燈的效果會比一般日光燈好，比較不容易閃爍，也不容易過熱，啟動時間也比使用一般安定器的燈更快。

最後要提醒你，一分錢一分貨的道理在選購照明燈時還是通的，所以，在貨比三家之後，如果發現有異常便宜的照明燈，它的品質可能是有問題的，不要貪小便宜比較保險。

過濾器

　　過濾器的作用是過濾水族箱裡的水，讓水質保持乾淨，如果沒有過濾器，水會開始混濁，長滿藻類，不只影響美觀，也會讓水草腐爛。

　　如果你想栽種的是前面挑戰級單元中介紹的鹿角苔、紅柳、矮珍珠、網草、日本珍珠草等幾種水草，那麼，建議你在水族箱中添購過濾器。因為這些水草對於水質的要求比較高，所以，想要它們長得好，還是要做一點點的投資。

　　過濾器的價格從幾百元到上萬元都有，除了受規格大小影響外，製造地也有影響。目前市面上的過濾器除了國產的外，還有從歐美及大陸地區進口的產品。一般說來，大陸進口的品質比較差，建議選擇國產品或者由歐美地區進口的比較好。

　　有了過濾器，還要定期清理過濾器裡頭的濾棉，保持濾棉的清潔，才能讓過濾效果達到最好的狀態。至於多久要清理一次？濾棉如果阻塞太嚴重，會導致水族箱的水變少，如果目測發現水族箱的水已經比原本少了一半時，就是該清理濾棉的時候了。

二氧化碳（CO_2）

　　二氧化碳的設備對於水族箱內的水草來說很重要，因為水草的生長需要行光合作用，而二氧化碳是光合作用必須的成分，所以養在水族箱的水草最好都加裝二氧化碳設備。

　　水族箱不大，或者怕麻煩的人，可以選購一種叫做二氧化碳反應劑的產品，只要將反應劑丟進水族箱裡就可以了，這種反應劑的價格大約在100～300元左右。至於使用的時間與劑量，依照它的生產廠商及水族箱大小的不同，須按照說明書使用。

水草光合作用

二氧化碳鋼瓶

　　還有一種反應劑是利用酵母菌和糖的結合來產生二氧化碳，售價約在700～900元左右。這種反應劑因為是從國外進口，因此價格比之前提的二氧化碳反應劑貴很多。使用的方式與劑量也必須依照水族箱的大小不同，依照使用說明書來運用。

二氧化碳反應劑

　　因為反應劑是有時效的，需要常常補充，所以從長遠來看，購買可以自行製造二氧化碳的二氧化碳鋼瓶其實是比較經濟實惠的。

　　二氧化碳鋼瓶有各種不同的尺寸，必須視水族箱的大小來選購，價格大概在1000元～6000元之間。 要注意的是，因為二氧化碳是屬於高壓氣體，購買的時候一定要注意它的製造日期，確認產品沒有過期，另外，還要注意產品是否通過安全檢驗。

二氧化碳反應劑

　　為了讓二氧化碳的溶解效果比較好，在購買二氧化碳鋼瓶時可以再搭配擴散筒或細化器一起使用，這樣可以讓二氧化碳的溶解效果比較好。擴散筒和細化器的價格差異很大，因品質、製造地而從一、二百元到數千元都有，選購時請找信用良好的店家多詢問多比較。

二氧化碳壓力表與電磁閥

加熱器/恆溫器

　　就像不同地區的人類，對於溫度的感受有不同的舒適範圍一樣，水草也會因為品種不同，而有不同的水溫要求。有的水草需要維持恆溫，有的水草不喜歡寒冷，而有的水草必須在某種特定的水溫下才會產生水中葉，這個時候，就需要加溫器或者恆溫器來幫助調整水溫了。

　　恆溫器和加熱器的價格，通常是依照加熱線的瓦數不同而有所差異，有的是數百元，有的則高達上千元。在選擇時，建議你一定要找一個信用比較好的水族店購買，除了依水族箱的大小選擇瓦數外，也要把產品的品質納入優先考慮，如果品質太差，很容易故障，最嚴重的還可能變成「電湯匙」，把水族箱的水都給煮沸，變成水草湯，那種畫面可是一點也不賞心悅目的。

肥　料

錠肥與液肥

基肥

　　水生植物需要的肥料分為基肥、錠肥和液肥三大類。基肥是種在水族箱裡的水草必須具備的肥料，通常會舖放在底砂下層，也就是水族箱的最底層。目前市面上，基肥的價格從2百元到2、3千元不等。好的品牌可以維持兩、三年不需要更換。想要知道使用效果，可以多問店家。

　　基肥不足的時候，可以用錠肥來補充，錠肥就是像藥丸一樣的肥料，使用時，只要直接把它塞入基肥中就可以。

　　液肥則分為微量元素與鐵質兩種，通常每週換水時添加就可以，不過還是需要依不同的水草需求再追加。

　　一般市面上的基肥、錠肥和液肥都是屬於化學肥料，專門用在水族箱的水草養殖。錠肥與液肥的成分大同小異，只是有的水草是透過葉片吸收養分，這時就適合添加液肥，有的水草必須透過根部吸收水分，必須使用錠肥才能有效補充養分。

水草的選購

　　準備好需要的工具和配備後，就可以把你想要栽種的水草帶回家了。

　　大部分的水草，都可以在一般的水族館或花市裡買到。選購水草時，除了要先了解水草的特性和生長條件之外，還有一些原則性的注意事項。

1. 除非想要種盆栽，否則選購水草時，請儘量挑選水中葉。
2. 挑選健康水草的原則就像挑選蔬菜一樣，葉形應該是漂亮而且沒有殘缺的。
3. 水草買回家之後，一定要先清洗過，把蟲卵剔除，這樣就不會把水草場或水族店的病蟲害帶回家了。

給水草一個舒適的窩

把美麗的水草帶回家後,當然要想辦法幫它營造一個舒適的窩,別擔心,這個過程一點都不複雜,非常的簡單,請你跟著書中介紹,一步一步做,馬上就能進入狀況了!

浮水植物栽植步驟

浮水植物是最容易栽植的水草,只要準備一個適當的容器,放入水草,即可輕鬆營造一方綠意。

浮水步驟1
選擇一個盆器,裝入8分滿的水。

浮水步驟2
將水草葉片腐爛、破損或者變黃的葉片摘掉。

浮水步驟3
依據容器的深度將根部稍微修剪。

浮水步驟4
將水草放進容器內。

浮水步驟5
自行搭配,依序放入不同的水草即完成。

水族箱栽植步驟

　　水族箱栽植需要較多的經驗和技巧，不過卻是多數水草種植的最好環境，一回生，二回熟，只要了解每一個步驟的重點，相信你一定可以創造出自己美麗的水草世界。

水族箱步驟1
先將底砂平鋪於水族箱底部，然後倒入清水。為了避免倒水時攪動底砂，使水變得太混濁，可以先用一塊抹布墊在底砂上，再將水緩緩倒在抹布上。大約倒入7分滿的水量即可。

水族箱步驟2
放水草時最好先將當做主景的水草放入，做為主景的水草，通常顏色比較深，面積也比較大。

水族箱步驟3
將其他搭配主景的水草放入。水草擺放的位置，可依照個人的喜好，不過，最好是高的水草擺後面，矮的水草做中景或前景。
水草在水中漂動不容易固定，可以用鑷子或長筷子夾著扦插入底砂中。

水族箱步驟4
設置好水草後，依序放入水族箱的維生設備，包括過濾器、二氧化碳、細化器、照明燈等等，購買時可請教店家裝置方式。提醒你，一定要將所有的設備都裝設好之後才插電，以免發生觸電的危險。

水族箱步驟5
完成後需換水才會讓水質清澈，換水方式用虹吸管原理，取一根水管，一端插入水中，一端垂在缸外，而且其出水口要低於水面。先用嘴在出水的一端吸啜，把水充滿水管後鬆口，水就會自動流出。將水抽出後再加入新的水。

盆栽栽植步驟

　　用盆器來栽種水草，和一般種植其他植物的步驟是一樣的，不過，水草盆栽可以有更多造型上的變化，建議你在嘗試盆栽水草時，可以儘量發揮自己的創意。

　　如果你還不知道從何處著手，那麼就先參考以下這一款龍舟造型的水草盆栽吧！而這款龍舟造型的水草盆栽，最搶眼的就是利用墨石所綁出來的綠色圓球。

盆栽步驟1
選擇適當分量的墨石與要使用的浮球（亦可用乒乓球、保麗龍球）。

盆栽步驟2
將浮球置於墨石中間，用墨石把浮球包起來。

盆栽步驟3
墨石很容易就與浮球結合成形。

盆栽步驟4
用顏色與墨石接近的縫衣線將墨石牢牢的纏住，固定在球上即可。

綁好墨石後，就可以進行下一步盆栽造景的工作了。

盆栽步驟5

將種植水草用的溼土倒入盆栽的容器裡舖平。

盆栽步驟6

先將比較矮的水草（日本珍珠草）種在土裡。

盆栽步驟7

然後將裝飾性強且植株比較高的水草（天胡荽）扦插在盆內。

盆栽步驟8

將事先綁好的墨石球用長的竹籤插入，固定在土裡即可。

水草的日常照護

　　不管你是以哪一種方式種植水草，水草的日常照護有幾個原則可以參考。

1. 大部分的水草都能在攝氏26度左右的環境中活得很好，所以在冷熱比較明顯的冬季和夏季，請注意水草周圍環境的溫度。（詳細的水草適合生長溫度，請參考附錄的「水草家族一覽表」）。

2. 養在水族箱裡的水草，冬天可以用加溫器維持溫度，夏天水溫過高時則可以利用冷卻器來降低水溫，如果沒有花上萬元添購昂貴冷卻器的預算，可以改用電風扇或者開冷氣降低室溫，效果也不錯。

3. 養在水族箱裡的水草，基本上都無法接觸到足夠的自然光，因此，每天都要給予足夠的人工光照補強，一般來說，水族箱的水草每天大約需要8到12小時的人工光照。

4. 水族箱一定要定期清理和換水，避免藻類的滋生，換水之後，也要適度的添加肥料，才能幫助水草順利成長。

5. 養在水族箱的水草，有溫度調節設備來控制溫度，但是養在盆器裡的水草可就沒有這麼好命了，建議你在以盆栽種植水草時，先參考附錄的「水草家族一覽表」，了解書中每種水草的基本資料，參考它們適合的生長與繁殖季節。

6. 一般水草常見的病蟲害就是螺類，只要在水族箱內放入娃娃魚（淡水河豚），就可以輕易的把螺類都除掉。

7. 種植漂浮性水草時，如果擔心蚊蟲滋生，可以在容器內養些蓋斑鬥魚，牠喜歡將蚊子的幼蟲孑孓當食物，可以避免滋生蚊蟲。

浮萍是屬於浮水性植物，根不固著於地面，植株會隨水
飄移，所以常被文人拿來比喻流浪、居無定所的心情，
對於農家來說，浮萍是非常有用的植物，在早期，許多
人會用它們來養鴨子。現在有許多茭白筍田裡也會佈滿
浮萍，因為浮萍可以讓長在水面下的筍接觸比較少的陽
光，讓茭白筍變得特別白。

第4章

水草理想國

當你欣賞著法國印象派畫家莫內知名的《睡蓮》系列作品時，有沒有想過，自己也可以置身在畫中的美麗場景呢？

自從我開始與水生植物為伍之後，我覺得自己天天都生活在美麗的畫中。因為水生植物變化萬千，各有各的姿態，隨著四季輪替，風情萬種。

水草多變的美麗令人驚嘆，水草對於人們的生活更是有多樣化的貢獻，它是我們的食物來源，也是裝點居家的要角，最重要的是，它提供了我們更健康、更理想的生態環境。

水草小護士

　　許多水草看起來不起眼，卻是非常有用的藥材，以及天然的清潔、保養用品。現在流行「天然的尚好！」，越來越多人回頭去尋找老祖母時代的偏方或者「土」方法，而這其中有許多的素材就是來自於水生植物。

　　以下的水草「偏方」，其用法與用量是經由作者和周遭親朋好友的實驗後，覺得效果真的很不錯才整理出來的，僅提供參考。建議你使用前先向合格的醫師取得正確的處方，這樣才可以吃得安心、用得放心。

昌蒲／止癢

材料：昌蒲葉500公克

用法：

1. 昌蒲葉洗淨加入沸水煮約20分鐘。
2. 倒入浴缸中，和洗澡水一起攪拌後泡澡。

水草小護士

昌蒲浴有止癢的功效，昌蒲乾燥後的根莖與葉都可以入藥，主要的功能是化痰、化溼、開胃。

《本草綱目》也有記載：「葉，洗疥、大風瘡。」

半邊蓮／止血

材料：半邊蓮全株

用法：

採集新鮮半邊蓮，清洗乾淨後加以搓揉，再直接壓在傷口上。

提醒你，這種方法只對小傷口的出血有效，大傷口還是要趕緊送醫！

水草小護士

半邊蓮有止血、利尿、消腫、清熱解毒的功能。

中醫通常會以半邊蓮來治療水腫或手腳浮腫，也有醫生用它來治療蛇蟲咬傷，或者血吸蟲病的腹水。

野薑花／幫助睡眠

材料：新鮮野薑花瓣2、3朵（野薑花的味道很濃，可依個人喜好斟酌分量）

用法：

1. 野薑花瓣洗淨。
2. 以熱開水沖泡。
3. 加入冰糖或蜂蜜飲用。可熱飲，放入冰箱冷藏後再喝，風味更佳。

水草小護士

野薑花的花朵可以治療失眠，根莖則可以去風寒、治療頭痛及風溼筋骨疼痛。

穗花棋盤腳／天然清潔劑

材料：穗花旗盤腳果實

用法：

1. 將穗花棋盤腳果實敲開後取出種子。

2. 將種子去除表皮，加水後敲碎，搓揉起泡泡使用。可以用來洗澡、洗衣服。

水草小護士

　　如果有機會在野外發現穗花棋盤腳的蹤影，採摘果實時，請不要把全部果實摘光光。野生的穗花棋盤腳目前在台灣已經越來越稀少，請一定要留下一些果實，讓它能夠繼續繁衍下一代。

香蒲／止血

材料：蒲黃

用法：

將香蒲的花粉「蒲黃」收集起來，直接抹在刀傷或擦傷的傷口上就可以止血。

水草小護士

　　香蒲開花後的花粉又稱「蒲黃」，是很好的止血劑。可以先將收集來的蒲黃放在鍋子裡乾炒，炒黑後止血效果更好。

滿江紅／驅蚊蟲

材料：滿江紅

用法：

滿江紅曬乾，集中點火，即可驅除蚊蟲。

水草小護士

　　在農業時代，許多農家都會將曬乾後的滿江紅點燃，可能是它的氣味與煙霧讓蚊蟲不敢靠近，因此是非常好用的天然蚊香。

大葉田香／防蚊

材料：大葉田香的葉片數片

用法：

把大葉田香的葉片用雙手搓揉出汁液，然後均勻塗抹在皮膚上。

水草小護士

　　大葉田香的汁液對防止小黑蚊叮咬非常有效，如果要到樹林或者水邊溼地，最好事先塗抹，以免被叮。請儘量摘取嫩葉，葉片愈鮮嫩，搓揉出的汁液愈多，已經開花的葉片通常都很難搓揉出汁液。

　　如果已經被小黑蚊叮咬，千萬不要再用力塗抹，因為這樣不僅沒有效果，也會因為搓揉動作而讓皮膚腫脹，之後甚至會灼熱而破皮。

魚腥草／美容面膜

材料：魚腥草葉

用法：

1. 新鮮的魚腥草洗淨後，放入果汁機，加入少許清水打碎至泥狀。
2. 用紗布過濾出葉汁，加入少許麵粉拌勻。
3. 均勻的敷在市售的面膜布上，再敷在臉上約15分鐘後洗淨。

水草小護士

　　魚腥草有治療青春痘、溼疹以及各種化膿症的效果。

　　新鮮魚腥草的氣味比較不好聞，可以先把搾出來的魚腥草汁用微波爐加熱約30秒後再使用。如果沒有微波爐，也可以用瓦斯爐加熱，時間不要太長，也不要用大火，只要稍微加熱至沒有腥味就可以熄火，等它冷卻後再使用。

　　建議你在敷臉前，先用少量的魚腥草汁滴在紗布上，敷在手臂內側約30分鐘，確定沒有過敏現象後再使用。

禮輕情意重

好東西，當然要和好朋友分享！

在這本書裡，和大家分享了水草所有的優點與美麗。看完這本書後，希望你也能和你的親朋好友一起分享水草的美好，讓每一個人都能有機會生活在水草的理想國中。

當你想要對朋友表達關心、感謝，或者支持與鼓勵時，不妨讓水草做你的代言人，雖然大部分的水草價錢都不高，但是，經過你以愛和溫暖包裝後，一定可以忠實的呈現出你對受禮者的心意。

幸福藻球

幸福藻球有個美麗的傳說，在日本北海道的阿寒湖附近，有一個公主愛上了敵對村落的武士，兩個人的戀情受到族人們的強烈反對，於是相約投阿寒湖殉情。他們變成了藻球，如願結合在一起。傳說，擁有這種藻球的人，就可以擁有幸福，有情人終成眷屬。

你有想要祝福的朋友嗎？幸福藻球是為你傳遞幸福最好的使者！

幸福藻球的成長速度非常緩慢，從直徑1公分變成5公分，大概需要20年的時間，由此可知，幸福是需要時間、耐心和愛心來經營的！

提醒你，幸福藻球必須在攝氏28度以下的環境裡才可以生存，所以，請避免將藻球放在陽光直射的地方，夏天天氣很熱，可以把它放到冰箱裡「避暑」。

銅錢草

水族界盛行多時的香菇草，因為它的外型，讓聰明的老闆為它取了一個「銅錢草」的吉祥名字，果然，讓許多消費者對它另眼相看，成為園藝界的暢銷品。

中國人喜歡「發財」，在朋友入厝、開業、升官的好日子裡，送「錢」絕對錯不了，如果不想這麼俗氣，不妨考慮送盆可愛又喜氣的銅錢草。

生態球

　　如果你要送禮的對象是個懶人，如果他沒有「綠手指」，又或者他的工作繁忙，需要常常出差、旅行，那麼，「生態球」一定是可以討他歡心的禮物。因為生態球有一個自給自足的生態系統，不需要特別的照顧，也能維持它美麗的生態世界。

　　要提醒你的是，在把生態球帶回家的路上，請不要用提袋或塑膠袋提著，而要用雙手捧著，因為生態球被放在袋子裡提著走時，會產生大幅度的晃動，這些晃動對於生態球裡的生物來說，可是相當於五、六級以上的大地震。請想像自己在地震發生時的緊張與恐慌，溫柔的對待你手中的生態球！

海洋之星

　　在電影《鐵達尼號》中，有一顆美麗的「海洋之星」，而在水草世界裡，也有一棵浪漫的「海洋之星」—— 虎耳。

　　虎耳在水族界原本就是非常受消費者喜愛的水草，有了「海洋之星」的別稱後，更是成了當紅的炸子雞，非常受女性消費者的歡迎。

　　「海洋之星」的花就像海洋裡的星星一樣又多又美，它的花期又很長，春、夏、秋三季都會開美麗的紫色小花，非常適合送給心愛的他或她，情人節前夕，不妨到花市走一趟吧！

迷你水族箱

　　早期的水族箱，清一色是方方正正的玻璃缸，完全沒有造型及設計感可言，而且又大又重，非常不方便。但是近幾年來，有許多精巧可愛的迷你水族箱開始流行，如果再搭配上美麗的水草，一定可以讓人目不轉睛的驚嘆你的創意。

149

和水草共創未來

台灣原本是許多野生水草的天堂，但是，隨著自然環境的變化與人為破壞，有許多美麗的水草已在這一片土地消失。

近幾年來，水生植物終於漸漸吸引人們的關心與注意，有許多組織和單位開始重視水生植物的未來，致力於野生水草的復育及保護工作。因為人們開始知道，水草對於人類的價值，不只是食用、藥用和觀賞，最重要的還是它對於環境生態的維護具有舉足輕重的價值。像是布袋蓮、大萍（水芙蓉）等水生植物，在善加利用後，就是環保的尖兵。因為它們可以有效的吸收水中的重金屬，改善水質，因此非常適合用來處理工業區的污水問題。

最近宜蘭縣政府與仰山文教基金會正積極推廣水生植物生態池的計畫，鼓勵一般民眾在住家周圍建構一個生態池，利用生態池內的水草處理家中排出的污水，不但可以改善水質，也可以改善居住的環境。

事實上，生態池的觀念是自古以來就有的。台灣很多的三合院前，都有半月池的設計，裡面除了養鴨、養魚外，還種了很多水生植物。 這些半月池的設計，除了風水的考量外，通常還有涵養水源、防火的功能。宜蘭陳氏家廟前面的鑑湖堂就是一例，因為它的水草種類很多，現在甚至還增加了觀光與教育的功能。

宜蘭尚德社區附近的民宿，近年來也開始利用生態池來改變民宿周圍的景觀，因為尚德有得天獨厚的湧泉，所以生態池裡的水生植物，都欣欣向榮，依著季節的變化展現不同的風貌，吸引更多遊客前來駐足。

長久以來，水生植物一直陪伴在人類生活的周遭，為人類貢獻它們所能付出的全部價值。誠摯的希望這本書，可以為你開啓水草世界的門，讓你透過水草的美麗，看到我們生活周遭這些值得珍藏、保護的自然資源。

水草家族一覽表

水草名稱	俗名	家族	生命週期	適合栽種季節	繁殖方法	適合生長溫度	適合栽種地點	賞花期	實用價值
槐葉蘋	蜈蚣蘋	漂浮性	一年或多年生	全年	無性繁殖	15～26℃	陽台、戶外	無	觀賞
大萍	水芙蓉	漂浮性	一年或多年生	全年	種子、莖的無性繁殖	22～25℃	陽台、戶外	全年	觀賞、肥料
滿江紅	滿江紅	漂浮性	多年生	全年	無性繁殖	22～28℃	陽台、戶外	無	觀賞、防蚊
白花紫蘇	三角葉	挺水性	多年生	春、夏	扦插、種子	22～28℃	陽台、戶外	全年	觀賞、食用
大葉田香	糕仔料草	挺水性	多年生	春、夏	扦插、種子		陽台、戶外	全年	觀賞、藥用、食用
水薄荷	薄荷草	挺水性	多年生	全年	扦插	22～28℃	陽台、戶外	全年	觀賞、食用
香蒲	水蠟燭	挺水性	多年生	春、夏	扦插、種子	15～26℃	戶外	夏	觀賞、藥用、食用、編織
魚腥草	臭瘥草	挺水性	多年生	全年	扦插	15～26℃	戶外	夏	觀賞、食用、藥用、美容
尖瓣花	尖瓣花	挺水性	一年生	全年	扦插、種子	15～26℃	戶外	全年	觀賞、食用
台灣萍蓬草	水蓮花	浮水性	多年生	全年	扦插、種子	12～28℃	戶外	全年	觀賞、教學、藥用
香菇草	銅錢草	挺水性亦可沉水	多年生	全年	分株	15～25℃		夏、冬	觀賞
蓴菜	馬蹄草	浮水性	多年生	春	分株	20～28℃	戶外	春	觀賞、食用、美容
田字草	田字草	挺水性	多年生	全年	分株	15～25℃	戶外、陽台	無	觀賞
小對葉	過長沙	挺水性亦可沉水	多年生	全年	扦插	22～28℃	戶外、陽台	全年	觀賞、藥用
虎耳	海洋之星	挺水性亦可沉水	多年生	全年	扦插	22～28℃	戶外或水族箱	春、夏、秋	觀賞
異葉水蓑衣	水羅蘭	挺水性亦可沉水	多年生	全年	扦插	22～30℃	戶外或水族箱	秋、冬	觀賞
大紅葉	大紅葉	挺水性亦可沉水	一年生	全年	扦插	20～30℃	戶外或水族箱	冬	觀賞
水蕨	小水芹	挺水性亦可沉水	一年生	春、夏	孢子無性繁殖	24～28℃	浴室	無	觀賞、食用
小榕	小榕	挺水性亦可沉水	多年生	全年	以根莖側枝繁殖	22～28℃	浴室	全年	觀賞

水草名稱	俗名	家族	生命週期	適合栽種季節	繁殖方法	適合生長溫度	適合栽種地點	賞花期	實用價值
墨石	墨石	沉水性	多年生	全年	孢子無性繁殖	22～28℃	水族箱	無	觀賞
女王草	女王草	挺水性亦可沉水	一年生	春、夏	種子、分株	22～28℃	戶外、水族箱或陽台	夏、秋	觀賞
中柳	中柳	挺水性亦可沉水	多年生	全年	扦插	20～26℃	陽台、水族箱	無	觀賞
綠菊	綠菊花草	沉水性	多年生	全年	扦插	18～26℃	水族箱	夏、秋	觀賞
大寶塔	大寶塔	挺水性亦可沉水	多年生	全年	扦插	24～26℃	戶外、水族箱	秋、冬	觀賞
三叉葉星蕨	鐵皇冠	挺水性亦可沉水	多年生	全年	孢子	18～23℃	水族箱	無	觀賞
水車前	龍舌草	沉水性	一年或多年生	全年	種子	18～28℃	水族箱	春、秋	觀賞、食用
黃金錢	黃金錢	沉水性	多年生	全年	扦插	18～30℃	水族箱、戶外	春、秋	觀賞
籠骨瓣荇菜	大香菇	浮水性	多年生	全年	扦插	15～25℃	水族箱、戶外	春、秋	觀賞、食用
印度荇菜	澳洲香蕉	浮水性	多年生	全年		20～30℃	水族箱、戶外	春、秋	觀賞
鹿角苔	鹿角苔	沉水性	多年生	全年	無性繁殖	15～30℃	水族箱	無	觀賞
紅柳	紅柳	挺水性亦可沉水	一年生	春、夏	扦插、種子	22～25℃	水族箱、戶外	秋冬	觀賞
矮珍珠	矮珍珠	沉水性	多年生	全年	分株	22～27℃	水族箱	全年	觀賞
網草	網草	沉水性	多年生	春、秋、冬	種子	20～22℃	水族箱	無	觀賞
日本珍珠草	日本珍珠草	沉水性	多年生	全年	扦插	16～26℃	水族箱	無	觀賞
蓮	蓮	浮水性	多年生	春、夏	種子、分株		水族箱、戶外	夏	觀賞、食用
野薑花	野薑花	挺水性	多年生	春、夏	種子、分株		戶外	秋	觀賞、食用、藥用
浮萍	浮萍	漂浮性	多年生	全年	無性繁殖	15～25℃	戶外	夏	觀賞、肥料、鴨飼料
黃花荇菜	荇菜	浮水性	多年生	春、夏	種子、分株		戶外	夏、秋	觀賞
天湖葵	遍地錦	挺水性亦可沉水	多年生	全年	分株	20～28℃	水族箱、戶外	夏、秋	觀賞、藥用
穗花棋盤腳		挺水性	多年生	全年	扦插、種子	12～30℃	戶外	夏、秋	觀賞、藥用
半邊蓮	半邊蓮	挺水性	一年生	全年	扦插	12～30℃	水族箱、戶外	夏、秋	觀賞、藥用
幸福藻球	幸福藻球	沉水性	多年生	全年	無性繁殖	5～25℃	水族箱	無	觀賞

名詞解釋

全日照/半日照

一般植物生長都需要光線行光合作用，有的植物需要比較長的日照時間，有的則比較短。全日照指的是植物每天接受光照必須超過六個小時以上，且最好種在戶外，才會長得好。而半日照指的是植物每天至少需要接受三個小時的光照時間才能正常成長，且最好種在戶外有遮陰的地方。

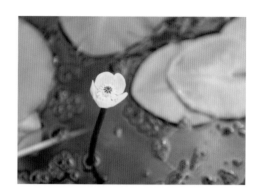

一年生

一年生植物是指生命週期只有一個生長季的植物，它們會在一年或一個生長季節內完成種子萌發、生長、開花、結果、以及自然死亡的生活史。

多年生

多年生植物是指其植株壽命至少可長達兩年以上的植物，它們可以重複開花、結果的過程，年復一年的不斷生長發育。

草本植物

草本植物的莖部水分多、木質化程度低，木質化細胞少，莖枝呈現常綠而且柔軟的狀態。

挺水性植物

挺水性植物的根生在水底，葉片卻伸出水面，開花時也在水面上。

浮水性植物

浮水性水生植物的根固定在水底，葉子卻浮在水面上。

沉水性植物

沉水性水生植物的植物體一定是完全沉在水裡的，一旦脫離了水面，就會因為缺水而枯萎。

飄浮性植物

植株本身發展出無根的狀態，不會固定在水底，而會隨波逐流。

對生葉/輪生葉

植物的葉子在生長時，是有一定的排列順序的，對生葉的葉子是兩葉相戶對生，一起長在莖部的節上；輪生葉則是三片，或三片以上的葉片，以輪狀方式，圍繞著莖節生長。

叢生

葉片排列呈密集的生長狀態。

叢生葉

短枝,莖上有兩枚至多枚的葉密集互生者。

卵形

葉片基部較寬,形狀像蛋的縱切面。

腎形

葉片的尖端寬圓,基部微微內凹,像腎臟的形狀左右對稱。

節距

葉與芽生出的地方叫做節,莖的兩節間距離稱為節距。

側枝

生長於植物莖的主枝之外的枝稱為側枝。

匍匐根莖

一般植物的莖是向上生長,匍匐根莖卻是橫走在地上的莖,可以在節上生根,在與原本的根莖分離後,還是可以獨立生長。

地下莖

是莖的變形,長在地下,與地下根的差別是,地下莖有節,每一節上會長芽,芽會生長並且形成枝條分支。

孢子

有些植物是單細胞的生殖體,在生物體成熟之後,就可以產生一種細胞,它們不需要和其他細胞結合就可以直接形成新個體,這種細胞就叫孢子。部分水草葉片背面會有孢子囊,將裡面的孢子直接種植,可長成新個體而繁殖。

不定芽

在莖或根的斷口上長出的芽。

花序

花朵在枝條上排列的方式並非胡亂生長,而是有一定的次序與規則,這種著生方式就是花序。

無性繁殖(營養繁殖)

用植物的根、莖、葉及花梗的芽體,或組織的一部分,一片或一群已分化及未分化的細胞而使它形成新個體。

分株

植物成長之後,在根的附近會長出新生幼苗,當這些幼苗已經長成根、莖、葉時,就可切開幼苗與原植物體分離,重新栽種繁殖,這個過程就是分株。

扦插

把植物的根、莖、葉等部分剪下,插入土壤或砂石中,讓它可以生根變成一株新的植物。扦插時通常是選擇最容易長根的部位,因此有根插、枝插、葉插、葉芽插等不同方式。

光合作用

植物的葉片內有葉綠體,其中有葉綠素和酵素。葉綠素能吸收太陽光能,在酵素的幫助下,二氧化碳和從植物根部吸收的水分可以合成葡萄糖,並且釋放出氧氣,這種反應過程即為光合作用。

有機肥

指含有機物質,能提供植物多種無機養分和有機養分的肥料。通常必須依賴土壤中的微生物分解後,才能被植物吸收,可用廚餘、動物糞便等製成。

基肥

在種植物前,先將肥料與土壤混合,做為植物生長基礎的養分,就是基肥。將肥料和土壤攪拌均勻後,就可以將植株定植於土壤中。

錠肥

錠肥是針對植物生長的補充肥料,埋入基肥中可補充養分,在基肥不足時可以適量使用。

液肥

是液態肥料,也是水草缸的補充性肥料,視水草的不同需要添加。

鐵肥

一般紅色水草大多需要增加鐵肥,顏色才會比較好看。鐵肥有固態與液態兩種,有根的水草適合用固態鐵肥,效果較佳,也有研究顯示鐵肥可幫助二氧化碳的吸收。

微量元素

指的是礦物質如鈣、鐵、錳、鋁、鋅等水草生長所需的元素。

特別感謝以下個人與單位
提供製作與拍攝協力

林銘達先生

陳秋輝先生

蘇莉莉小姐

宜蘭縣農會

藍海水族量販
宜蘭市中山路二段119號　TEL：03-9321450

普大藥局/傷科整骨所
宜蘭縣壯圍鄉壯五路302號　TEL：03-9381561

尚德休閒蓮花園
宜蘭縣員山鄉尚德村八甲路2-12號
TEL：03-9223987
http://www.someday.idv.tw/

青靚河畔民宿
宜蘭縣員山鄉內城村內城路145號
TEL：03-9223987
http://www.greenminsu.com.tw/

八甲休閒魚場
宜蘭縣員山鄉尚德村八甲路1-10號
TEL：03 -9225990/ 03 -9225927
http://www.8fish.com.tw/

國家圖書館出版品預行編目資料

水草生活家／徐志雄作. ──初版. ──臺北市
：布克文化出版：城邦文化發行,
民95
面；公分
ISBN 978-986-81746-2-7（平裝）
1.水生植物 2.家庭佈置 3.食譜
435.481   95000540

布克生活 | 04

水草生活家

作　　者／徐志雄
文字整理／劉芳婷
攝　　影／吳金石
美術編輯／鮑雅慧

總 編 輯／賈俊國
副總編輯／蘇士尹
資深主編／劉佳玲
行銷企畫／張莉滎

發 行 人／何飛鵬
法律顧問／台英國際商務法律事務所 羅明通律師
出　　版／布克文化出版事業部
　　　　　台北市中山區民生東路二段141號8樓
　　　　　電話：(02)2500-7008　傳眞：(02)2502-7676
　　　　　Email：sbooker.service@cite.com.tw
發　　行／英屬蓋曼群島商家庭傳媒股份有限公司城邦分公司
　　　　　台北市中山區民生東路二段141號2樓
　　　　　書虫客服服務專線：(02)2500-7718；2500-7719
　　　　　24小時傳眞專線：(02)2500-1990；2500-1991
　　　　　劃撥帳號：19863813；戶名：書虫股份有限公司
　　　　　劃撥帳號：18966004城邦文化事業股份有限公司
　　　　　讀者服務信箱：service@readingclub.com.tw
香港發行所／城邦（香港）出版集團有限公司
　　　　　香港灣仔駱克道193號東超商業中心1樓
　　　　　Email：hkcite@biznetvigator.com
馬新發行所／城邦（馬新）出版集團 Cité (M) Sdn. Bhd. (458372U)
　　　　　11, Jalan 30D/146, Desa Tasik, Sungai Besi,
　　　　　57000 Kuala Lumpur, Malaysia.
　　　　　電話：+603-90563833　　傳眞：+603-90562833
印　　刷／卡樂彩色製版有限公司
初　　版／2012年（民101）3月
初版1.5刷／2015年（民104）4月
售　　價／280元
ISBN：978-986-81746-2-7

城邦讀書花園　布克文化
www.cite.com.tw　WWW.SBOOKER.COM.TW